大学生生态文明教程

黄英初　邱海亮　阴冠雷　主编

中国言实出版社

图书在版编目（CIP）数据

大学生生态文明教程 / 黄英初，邱海亮，阴冠雷主编. — 北京 : 中国言实出版社，2023.2
ISBN 978-7-5171-3910-2

Ⅰ. ①大… Ⅱ. ①黄… ②邱… ③阴… Ⅲ. ①生态文明—高等学校—教材 Ⅳ. ①B824.5

中国国家版本馆 CIP 数据核字 (2023) 第 023618 号

大学生生态文明教程

责任编辑：郭江妮
责任校对：邱　耿

出版发行：中国言实出版社
地　址：北京市朝阳区北苑路 180 号加利大厦 5 号楼 105 室
邮　编：100101
编辑部：北京市海淀区花园路 6 号院 B 座 6 层
邮　编：100088
电　话：010-64924853（总编室）　010-64924716（发行部）
网　址：www.zgyscbs.cn　　电子邮箱：zgyscbs@263.net

经　销：新华书店
印　刷：廊坊市广阳区九洲印刷厂
版　次：2023 年 3 月第 1 版　2023 年 3 月第 1 次印刷
规　格：787 毫米 × 1092 毫米　1/16　9.75 印张
字　数：225 千字

定　价：39.80 元
书　号：ISBN 978-7-5171-3910-2

本书编委会

主　编　黄英初　邱海亮　阴冠雷

副主编　谢国山　樊艳丽　黄艳奎

参　编　李　毅　文　艺　韦红枋　韦　熙　王　卉
符增愉　洪艺翠　蒋文敏　卢彩益　李水兰
张　翰　何咏俐　吴月如　许　静　陈幸思
周润玲　覃丽华　冯海媛　周杨帆　王思蓉
岑佩玲　黄其枝　黄　霞　农彩霞　赵淑营

主　审　石铁峰

前言
PREFACE

生态文明是人类文明发展的新形态，是继原始文明、农业文明、工业文明之后的发展新阶段。随着工业革命带来的科学技术发展，人类在创造出更多物质财富的同时，也面临巨大的生存危机。尤其是在生态环境上更是付出了巨大的代价，如环境污染、温室效应、物种灭绝、水土流失、自然灾害等。于是在尊重自然、顺应自然、保护自然的理念下，建立人与自然、人与人、人与社会和谐发展的生态文明，成为社会可持续发展和人类健康发展的必要方式。

党的二十大报告明确指出，中国式现代化是人与自然和谐共生的现代化。党的二十大报告对推进绿色发展，促进人与自然和谐共生进行了部署，就加快发展方式绿色转型，深入推进环境污染治理，提升生态系统多样性、稳定性、持续性，积极稳妥推进碳达峰碳中和等工作提出了明确要求。我们要深入学习贯彻党的二十大精神，掌握有效推动生态文明建设的认识论和方法论，身体力行，为建设美丽中国做出新贡献。

大学生是国家和民族的希望，是生态文明建设的有生力量，他们的思想道德觉悟和生态文明素养直接关系到生态文明建设的目标能否早日实现。因此，高校生态文明教育势在必行。本教材坚持以习近平新时代中国特色社会主义思想和习近平生态文明思想为指导，全面贯彻党的二十大精神，旨在通过生态文明教育，唤醒大学生对自然的尊重与热爱，提高他们的生态文明认知水平，增强生态文明情感，养成生态文明习惯，推动大学生肩负起生态文明建设的责任和义务，进而推动生态文明建设和美丽中国建设的目标早日实现。

本书从大学生这一群体的特点和新时代生态文明教育的现实需要，以及大学生生态文明素养提升的实际需求出发，阐述了生态环境的普及性知识和生态文明的思想观念。本书的内容紧紧围绕大学生生态文明素养的提升需求进行“量身定做”，既注重保持课程理论学习的深度，又强调课程的实用性，将理论与实践紧密结合，能有效促使学生做到知行合一。本书集专业性、系统性、趣味性和实用性于一体，内容丰富，贴合热点，既可作为各类院校的素质教育课教材，也可作为生态环境保护倡导者的参考用书。

书中如有疏漏与不当之处，恳请广大专家、师生和读者提出宝贵意见和建议，以便我们及时修订和完善。

编　者

目录 CONTENTS

第一章
认识生态危机

本章导读

人类只有一个地球，地球上的资源是有限的，有限的资源和持续增长的人类需求之间存在着极大的矛盾。自工业化以来，人类经济活动规模与速度空前提升，随着全球一体化进程的加快，人类生产和生活活动所需要的资源更是呈几何倍数增长，资源危机和生态危机不断加重。

生态危机不是一般意义上的自然灾害，是人类活动所引起的环境质量下降、生态秩序紊乱、生命保障系统瓦解，从而危害人的利益、威胁人类生存和发展的失衡现象，如环境污染、资源短缺、气候变暖、生物多样性威胁等。这些为人类所熟知的生态危机，已经严重影响了我们的生活，威胁到我们的生存与发展。而我们未知、未形成的次生危机或潜在的生态危机仍在生态失衡的推动下生成。因此，在生态危机还未对人类造成毁灭性打击之前，人类应该积极地寻找引发生态危机的根源，稳妥地寻找相应解决途径。

学习目标

★知识目标

1. 了解生态危机的概念和特征。
2. 熟悉各种生态危机的成因和危害。
3. 了解不同类型环境污染的特点。
4. 熟悉能源危机的危害。

★技能目标

1. 提高对自然与生态环境的认知能力。
2. 切身感受人与自然的关系。

★思政目标

1. 牢固树立生态文明观念。
2. 培养热爱自然，自觉建设生态文明的情感。

学习重点

熟悉各种生态危机的成因和危害，树立生态文明观念；从身边小事做起，保护生态环境，助力生态文明建设。

第一节　生态危机的概念与成因

一、生态危机的概念

生态危机是指由于不合理开发而引起的资源枯竭、环境恶化和生态系统失衡。当生态环境处于平衡时，整个生态系统的生物与环境、能量与物质的转换都会达到和谐稳定的状态。然而，现实生活中，生态系统时常会受到外界因素或多或少的影响，若是一般性的破坏，生态系统都可以凭借自身的修复能力使整个生态圈正常运行。然而，生态系统的调节能力并不是万能的，当外界的影响过于强烈，逾越了生态所能承受的界限，就会导致生态系统的失调，进而引发一系列的生态问题。

19 世纪下半叶至 20 世纪初是人类经济迅猛发展的时期，也是生态环境破坏较为严重的时期。工业革命不仅给人类带来了丰裕的物质财富，还造成了严重的水污染、空气污染和生态资源的损耗。生态危机主要表现在以下两个方面：第一，生态危机是由于人类不合理的生产活动所导致的生态系统失衡。人类生存的地球环境是由多个生态系统构成的，生态系统是指大自然中生物群落和生存环境所构成的有机整体。工业文明以来，人类在利润原则的诱导下，疯狂地掠夺自然，并向环境排放大量污染物，导致环境日益恶化。第二，生态危机是社会生产与社会生产力和自然生产与自然生产力之间矛盾激化的结果。一直以来，人类因为过度关注社会生产和社会生产力的发展，忽视了自然生产的物质供给，造成了生态系统的失衡。

生态词典

生态平衡：在一个生态系统里，由于各种生物因素和非生物因素相互联系、相互依赖、相互制约，构成了生态系统的相对平衡。

例如，在森林里，食叶昆虫增加，林木生长就会受到损害。但是，食叶昆虫的增加给食虫鸟类的繁衍创造了条件，而食虫鸟类的繁衍又会抑制食叶昆虫的增长，从而使林木生产恢复正常。由于食叶昆虫的数量受食虫鸟类和其他动物捕食而得到控制，其繁殖程度通常会维持在一定的水平上，不会对林木造成危害，所以整个森林的生态系统是相当稳定的。

20世纪中叶，生态危机逐渐演变成一场全球性的危机，像“毒瘤”般在工业文明的机体中恶化、蔓延，影响着经济发展、社会稳定，甚至人类的生存与发展。1987年，世界环境与发展委员会在《我们共同的未来》一书中指出：“人类的各种活动正在使人类自身面临着生态危机。”人的各种生产活动对环境造成影响，而环境的变化又使人类现实和未来发展面临着危机，警示人类不能再完全按照自身的目的如此前行了。因人口增长、资源紧缺、技术使用等人为因素为主要根源的危机，对生态环境带来的破坏和影响程度深，环境修复难度大，危机爆发的概率高，跟人的生存关联度高。人口增长使地球承载了更大的负荷，人类向更大范围的环境中扩张，人类挤压了其他生物的生存空间，同时，人类对能源资源的需求和消费创出新高，如对煤、原油、天然气、油页岩、核能等不可再生资源的过度利用，使人类对供未来的生存所需的能源短缺产生了担忧，甚至恐慌。此外，现代技术应用的广度和深度，使人们活动的空间大大增加，不但对环境改造的能力大大加强，破坏力也远超以往，可能还存在目前不可预知的对环境更久远的影响。

二、生态危机的特征

20世纪60年代以来，随着生态问题的大量显现，人们的环保意识逐渐增强，开始出现了世界范围的环保运动浪潮。与发展中国家相比，发达国家的生态环境在某种程度上要好。但是，生态问题已不再是一个国家、一个地区的事，而逐渐演变成全球性的问题。当下，生态问题仍然十分严重，生态危机正持续升级。当前人们面临的生态危机主要包括以下几个特点。

（一）生态危机具有全球性与复杂性

生态危机已经不是某一时间、某一地点发生的偶然事件，常常是带有全球性的特点。如全球气温升高、臭氧层破坏、能源资源短缺等，都不只是一个区域、一个领域就能解决的单一问题。它的影响是全球性的，其治理也一定是全球性的，这种全球性特征使得每个人、每个民族、每个国家都不能独善其身，有些甚至是毁灭性的。人与自然的争夺已经成为一场全球性的战争，只有全球行动才能结束这场战争。人类只有一个地球，全人类的生产生活都在这个星球之上，虽然生态圈基本按照因果规律来进行小范围的能量交换、周而复始，但生态的影响因素也不只是直接关系，还会以间接方式表现出来。

当代生态危机的产生和治理都是极其复杂的，许多是人类无法预计其程度的，现在所展现出来的负面效应是下一个现象的开始还是结束，人类应该被动适应还是积极参与影响或改变、阻止，这些问题都是相当复杂和难以判断的，当代生态危机的成因有可能是自然内部变化的结果，也有可能是人为参与造成的，也可能是多重因素叠加的结果。如全球变暖的原因到现在为止也没有定论，是二氧化碳排放造成的温室效应，还是地球自身调节出现的气温短期升高；更为严重的问题是全球变暖的标准，全球温度的升高是以平均气温为准还是最高温的出现频次为准，或是以雪线上升、冰川消失为标准呢？这些现象之间的关系还需要进一步论证。正是因为生态危机的复杂性，才导致“公地悲剧”的出现。

生态词典

公地悲剧：1968 年美国加勒特·哈丁教授（Garrit Hadin）在《公地的悲剧》（*The Tragedy of the Commons*）一文中首先提出“公地悲剧”理论模型。他说，作为理性人，每个牧羊者都希望自己的收益最大化。在公共草地上，每增加 1 只羊会有两种结果：一是获得增加 1 只羊的收入；二是加重草地的负担，并有可能使草地过度放牧。经过思考，牧羊者决定不顾草地的承受能力而增加羊群数量，于是他便会因羊只的增加而收益增多。看到有利可图，许多牧羊者也纷纷加入这一行列。由于羊群的进入不受限制，所以牧场被过度使用，草地状况迅速恶化，悲剧就这样发生了。

公地作为一项资源或财产有许多拥有者，他们中的每一个都有使用权，但没有权利阻止其他人使用，从而造成资源过度使用和枯竭。过度砍伐的森林，过度捕捞的渔业资源及污染严重的河流和空气，都是“公地悲剧”的典型例子。之所以叫悲剧，是因为每个当事人都知道资源将由于过度使用而枯竭，但每个人对阻止事态的继续恶化都感到无能为力，而且都抱着“及时捞一把”的心态加剧事态的恶化。公共物品因产权难以界定而被竞争性地过度使用或侵占是必然的结果。

（二）生态危机具有人为性与社会性

有人认为当代生态危机的发生是自然发展的常态，不必惊慌，自然完全有能力改变也有能力协调发展，不会是历史的终结。英国著名大气科学家詹姆斯·拉伍洛克（James Lovelock）在“盖娅假说”中，强调自然界是一个有生命的“盖娅”系统，其有着极其强大的自身协调和完善的能力，人类在其中的作用可能是微乎其微的，不管是碳排放还是其他的改变，对“盖娅”系统来说，她都有能力实现自身修复和完善，人类和其他物种一样，只是系统链条上的因素，不会起到决定性的作用，在看似主动性创造中展示出来的人类的能动性，也是自然力的发挥，并没有超出“盖娅”系统的能力范围。

尽管如此，大多数学者还是认为当代生态危机是人为造成的，人是生态危机的罪魁祸首。

联合国政府间气候变化专门委员会（Intergovernmental Panel on Climate Change，IPCC）第五次评估（2014 年）报告指出，过去 50 年的气候变化极可能（95% 以上概率）归因于人类活动，“人类对气候系统的影响是明确的，而且这种影响在不断增强，在世界各个大洲都已观测到种种影响。如果任其发展，气候变化可能会对人类和生态系统造成日益严重、普遍和不可逆转的影响。”人类应该严格限制自身的活动确保将气候变化的影响保持在可控的范围内。

生态危机不仅具有人为性，还具有明显的社会性。从广义来讲，生态危机的社会性是指人类面临的生态环境也绝不是人类尚未诞生前的所谓“天然的自然”，而是既有“天然的自然”，也包含着丰富“人工自然”的世界，已经浓厚地镌刻着人的痕迹的自然环境，是一个已经将人、自然、社会紧紧联系在一起的共同体，生态危机不再只是自然界自身变化及其结果，更与其中生存的人类及其组织紧密相关。从狭义来讲，生态危机的社会性指生态危机的产生与社会运行的体制机制相关，与社会主导的生产方式、生活方式、消费方式紧密关联。

（三）生态危机具有危害性与严峻性

生态危机的危害性是指其对人类生存环境带来的破坏或负面影响，造成生产活动无法持续进行（如资源短缺）、人类无法高质量生活（如空气污染、饮水污染等），造成其他物种也无法继续繁衍、生物多样性丧失。生态危机对人类和环境的影响深远，危害性加大，生态危机它不再只是环境危机，更是人的危机。随着人类生产力水平的提高，先进技术的使用，会出现两方面的为题：一方面一旦发生污染或出现对人和环境的危害，其危害程度、深度和广度远比过去严重许多。另一方面使用新技术带来的负面影响可能需要较长时间才能暴露出来。生态危机是人类未曾预料到和未加预防的后果，它对周围环境的破坏，超过了早先任何年代的浩劫。所以生态危机的危害性大、潜伏期长、影响面广。

生态危机的严峻性，是指生态环境问题已经迫在眉睫，空气污染、水污染、食品安全等直接关系到人们的身心健康，环境污染直接影响人们当前的生产生活，对人的生命带来严重威胁，甚至带来生存危机、心理危机。生态危机的严峻性还体现在环境污染恢复难度大、周期长，直接导致经济发展不平衡、不协调、不可持续。我国在高速发展中，资源约束趋紧、环境污染严重、生态系统退化的现象十分严峻，环境保护仍滞后于经济社会发展，多阶段多领域多类型问题长期累积叠加，环境承载能力可能已经达到或接近上限。环境污染重、生态受损大、环境风险高，生态环境恶化趋势尚未得到根本扭转。

 知识链接

工业国家发生的十大污染事件

（1）1930 年马斯河谷烟雾事件在一周内造成 60 多人丧生。

（2）1943 年洛杉矶光化学烟雾事件使该市大多市民患了红眼病、头痛病。

（3）1948 年多诺拉烟雾事件造成小镇近半数人突发眼痛、喉咙痛、头痛胸闷、呕吐、腹泻，17 人死亡。

（4）1952 年 12 月的伦敦烟雾事件导致 5 天内就有 4 000 人死亡，烟雾逼迫所有飞机

停飞，汽车白天开灯行驶，行人走路困难，之后的两个月内又有 8 000 多人死去。

（5）1953 年至 1956 年日本水俣病事件共造成 2 248 人汞中毒，其中超过 1 000 人死亡。

（6）1955 年至 1972 年日本富山县“痛痛病”事件，镉污染导致病人骨骼严重畸形、剧痛，身高缩短，骨脆易折。

（7）1968 年日本米糠油事件，13 000 多人吃了含有多氯联苯的米糠油而遭难，病人开始眼皮发肿，手掌出汗，全身起红疙瘩，接着肝功能下降，全身肌肉疼痛，咳嗽不止，使整个日本陷入恐慌中。

（8）1984 年印度博帕尔事件中的剧毒烟雾，死亡 2.5 万人，受害 20 多万人，5 万人终生残疾，数千头牲畜被毒死。

（9）1986 年切尔诺贝利核泄漏事件致使大量放射性物质泄露，2005 年的联合国统计中表明，此次事件造成约 4 000 人死亡，5 000 人受到辐射尘影响死亡。

（10）1986 年莱茵河污染事件，因仓库失火，1 200 多吨剧毒的硫化物、磷化物与含有水银的化工产品随灭火剂和水流入莱茵河，致使莱茵河因此“死亡”20 年。

（资料来源：编者根据网络资源整理改写）

三、生态危机的成因

形成生态危机的原因主要有以下几个。

（一）控制自然的支配理念

在西方文化的传播发展中，控制自然的意识深入渗透，并随着人们控制和利用自然能力的迅速发展以及科技的广泛传播应用而得到长足的发展。随着社会的发展和全球环境的变化，控制自然的观念已经渗透到社会发展更深的层面。在人类肆意的占有和控制自然的形势下，地球上的生物资源逐渐减少，野生动物面临着濒临灭绝的境地；伴随着科学技术的飞速发展，石油矿产资源不断被开发挖掘出来，用于工业的生产进步，而无限扩张的生产终将导致资源的枯竭和环境的恶化，这将使人类走向最终的毁灭之路。

（二）人口超载的消极影响

世界人口发展形势严峻，人口增长极不平衡。大多数发达国家和地区人口密度适中，但是这些国家和地区经济发达，所需要的自然资源比发展中国家更多，耗费资源较为严重，加速了全世界的生态环境恶化。在大多数贫困或不发达国家中，生育政策落实不到位，大量繁衍的人口攫取了超过生态环境承载力的自然资源，这也就必然导致生态环境被破坏和污染。人类生活需要大量的生产资料，而生产资料的供应必然从自然中获取，自然资源的有限性与人类需求的无限性构成了矛盾，加之全球结构性饥饿人数长期保持高位，使得大部分生态脆弱区和贫困地区都陷入了生态危机和贫困之间的恶性循环。

（三）物欲至上的过度消费

在社会的发展进程当中，人们追求物欲至上、消费至上，把高消费与社会地位、人格尊严等因素联系起来，通过消费寻找幸福感、超越感、满足感。而商家为了获取更多的利润，推动广告媒体的宣传，不断促使人们异化消费。随着人们的消费增加，生产规模便会扩大，这在无形之中就会加大对自然资源的攫取和利用，造成资源浪费和生态环境的破坏。同时，人们在消费过程中势必会形成大量的废弃物，包括废旧物品垃圾、厨余垃圾、电子产品垃圾、白色塑料垃圾等，当这些生活废弃物超过自然环境所能够承载的限度之时，就会污染和破坏甚至是毁灭我们赖以生存的自然环境。

（四）科学技术的盲目使用

科学技术在社会历史发展进程中无疑起到了巨大的推动作用，但同时，科学技术也是一把双刃剑，如果使用不当便会对我们的生活造成一定的消极影响。虽然科技推动了经济和社会生活的发展进步，但科学技术的非理性使用已经成为贪婪者榨取和滥用自然资源的工具，打断了人与自然之间的合理联系。一些企业为进一步攫取经济利润，便以技术进步为借口，大肆扩大生产规模，使工厂数量进一步增多，攫取更多有限的自然资源，使科学技术由一种推动社会进步发展的力量变成了破坏环境、浪费环境的反向力量，损害了人类的生态环境，致使人与自然之间的矛盾不可调和。所以说，科学技术的非理性使用虽然使大部分发达国家获得一定程度的经济利润和资本积累，但在人类社会发展进程中，尤其是全球生态文明的进程中却是一种历史性的退步，不利于生态环境的持续改善以及全球生态环境的治理。

（五）农业技术的发展

在传统农业时期，农业的发展往往依靠农业工具的改造和更新，但农业的发展更多地受到自然条件的限制。到了近代，农业工具相对成熟，而化肥、农药的诞生很大程度上解决了农作物为病虫害所困扰的问题，但是随之而来的就是化肥、农药对于人类健康和环境问题的担忧，由此转基因技术诞生。转基因技术在很大程度上克服了农作物的抗病虫害能力较差、产量偏低、受恶劣天气影响大等缺陷，这就使农作物很大程度上摆脱了对于农药和化肥的依赖，因此转基因技术得以广泛应用。然而，随着转基因技术的不断推广，转基因作物种类的不断增加，其问题也逐渐显现。转基因作物不同于传统的农作物，它带有人类强烈的主观性，针对作物的耐旱性、抗虫性等特征从其基因结构上进行改变。在作物种植的短期内，人类看到了巨大的经济利益，可是种植一段时间之后，其强大的抗性就导致了具备更强抗性的野草和害虫的出现，而其花粉的传播更将这种抗性传播的愈加广泛，这就会导致基因污染，打破区域性的生态平衡。而转基因食品在人类食用的过程中也是问题频发，转基因作物在自身具有极强抗药性的同时被人类食用就会在一定程度上破坏人体自身的免疫系统，而转基因作物的某种抗药性也会引发人体的过敏反应。虽然这些问题没有大面积爆发，但是也足以引起人类的警醒。

四、生态危机对人类的影响

人类不但是文明的建立者，也是文明的享有者，更应是文明的维护者，但同时人类还是文明的破坏者。人类对自然的工具性价值和观念推动了现代社会的高速运转，也严重威胁人类生存健康。纯自然因素给人类带来的损害常常是地域性的、局部性的、低频率的，但也是可控的，而人为因素（如环境污染）对生态系统的破坏能造成各种规模性的急、慢性毒害事件，增加人类癌症发病率，甚至对子孙后代发育与健康带来严重影响。如果这一系列的破坏性后果得不到足够重视，而是听之任之，其后果是无法预估的。

（一）影响人的生理健康

气候变化直接或间接地影响人类健康。众所周知，日常情况下，人体疾病的发生常与季节性气候变化有关。例如，春季天气以多变为特征，这个时期是呼吸道传染病的高发季节，感冒、风疹、麻疹、猩红热等疾病时常流行，中老年人心肌梗死的发病率也非常高。乙型脑炎多发于夏、秋季；霍乱、痢疾等肠胃病则多发于夏季。上海市的一项研究发现，人的死亡率高低与季节变化有一定关系：深秋以后，死亡人数急剧增加，冬季为死亡人数的高峰，最冷的 2 月比 5、6 两个月死亡人数多 2 倍；日平均气温在 15~25℃之间死亡人数较少，但在炎夏的热浪袭击下，特别是在日最高气温达 35℃以上时，死亡人数又骤然增加。极端气候加剧放大了环境对人体健康的影响，人类生理健康面临更大挑战。

气候变化引起的热浪、洪水、暴风雨等天气、气候异常事件和海平面上升等，直接影响人类的健康和生命，同时气候变化还会影响淡水资源的供应，加重空气污染，对健康产生间接接的影响。更为重要的是，气候异常可引起生态和环境发生的相应变化，导致全球生态系统功能的失衡。随着全球气候变暖，疟疾等通过昆虫传播的疾病将可能殃及世界人口的 40%~50%，极大地威胁人类的健康和日常生活。在高温与高湿地区，气候变暖可能造成蚊蝇滋生，增加霍乱病、疟疾和黄热病等流行病的发病率，同时因温度和降水区发生系统性变化，可能从根本上改变病媒体传播的疾病和病毒性疾病的分布，使其移向较高纬度地区、致使更多人口面临疾病危险。

知识链接

雾霾影响身体健康

冬雾加上工业废气、汽车尾气、空气中的灰尘、空气中的细菌和病毒等污染物，形成雾霾，对人们的身体健康产生重大影响。

（一）对呼吸系统的影响

通过呼吸，霾能直接进入并附在人体呼吸道和肺泡中。尤其是亚微米例子会分别沉积于上、下呼吸道和肺泡中，引起急性鼻炎和急性支气管炎等病症。对于支气管哮喘、慢性支气管炎、阻塞性肺气肿和慢性阻塞性肺疾病等慢性呼吸系统疾病患者，雾霾天气可使病情急性发作或急性加重，如果长期处于这种环境还会诱发肺癌。

（二）对心血管系统的影响

浓雾气压比较低，会阻碍正常的血液循环，导致心血管病、高血压、冠心病、脑出血，可能诱发心绞痛、心肌梗死、心力衰竭等，使慢性支气管炎出现肺源性心脏病等。由于气温较低，一些高血压、冠心病患者从温暖的室内突然走到寒冷的室外，血管热胀冷缩，也可使血压升高，导致中风、心肌梗死的发生，所以心脑血病患者一定要按时服药小心应对。

（资料来源：编者根据网络资料整理改写）

（二）影响人的情绪

地理环境、天气气候等都会对人的健康和情绪产生不可忽视的影响。为了生存和发展，前人做了大量的研究和总结，研究表明：气温在 21℃上下，些许微风和不太强的阳光对人的健康生活是有利的。人体是准恒温的，为保持体温不变，就要不断向外界排出新陈代谢所产生的热量和汗水。所以，相对湿度为 85% 或气温为 38℃、或相对湿度为 50% 或气温为 40℃时，人的体温调节能力就会发生困难，极易中暑。同时，气候对关节炎、心脏病也是有影响的。因此，要求人们应该掌握这些规律，发挥主观能动性，在心情烦躁时注意克制，患病的人要注意防护。但随着生态环境的破坏，极端天气频现的状况下，人的情绪和情感极易出现较大波动，人们发现，地球不再那么友好了，自然规律也被一个个打破，生存的环境日趋恶劣，生存变得越发困难了。

极端气候令人们血压升高，情绪激动，使负面情绪加大，免疫力下降。由于长时间降雨，一些地方地面湿度偏大，使人情绪低落，让较多的人换上忧郁症。同时，阴天和下雨前的低气压会使儿童坐立不安。阳光本来对人情绪有益，但长期的干旱，晴热少雨，却容易造成“情绪中暑”让人烦躁不安。在许多国家，如美国、瑞士和以色列等，干热的风中缺少了空气中的负离子，使精神失常现象增多、人们的办事效率降低、反应迟钝并容易发怒。

（三）影响人的心理健康

从心理学角度讲，心理过程的形成及行为的产生都来源于环境刺激。环境遭到破坏，生态失衡严重不仅影响着人类生产、生活、生存和发展，也影响着人的心理和行为，环境中各种微小的刺激都会使人产生相应的反应。据研究，目前有 50 多种不同性质的污染会对人的心理健康产生影响。环境污染在成为社会公害的同时，对人心理健康也产生着负面影响，危害着人们的心理健康，让人处于一种不安全、不稳定、不健康的生活环境中。世界卫生组织的一份统计资料表明，1982—1983 年的“厄尔尼诺事件”使大约 10 万人患上了忧郁症，精神病的发生率上升 8%，交通事故增加 5 000 次以上。同样，持续大雾天影响人的心理，给人造成沉闷、压抑的感受，会刺激或者加剧心理抑郁的状态。此外，由于雾天光线较弱及导致的低气压，有些人在雾天会产生精神懒散、情绪低落的现象。

对于一项需要注意力高度集中的工作来讲，环境是否被污染是一项很重要的影响因素。但是在实际生活中很多相应的工作并没有考虑环境质量状况，造成意外事故增多，工作效率降低的不良后果。例如，许多学校的建设没有考虑环境污染问题，建在交通便利、繁华的地方，使汽车尾气污染、噪声污染等对学生的心理健康和智力发展造成了极为不利的影响。考虑、关注和研究环境污染对人们心理的影响，可以帮助人们提高对环境保护的认识、自觉地调整自己的心理状态，使人们在工作、生活中处于最佳的身心健康状态。

第二节　全球气候变暖

在经济和人口增长的驱动下，人为温室气体排放量不断上升，导致大气中的二氧化碳、甲烷、氧化亚氮等温室气体浓度达到了过去 80 万年以来的最高水平。20 世纪，全世界平均温度约攀升 0.6 摄氏度，北半球春天冰雪解冻期比 150 年前提前了 9 天，而秋天霜冻开始时间却晚了约 10 天。

扫一扫 学一学

2022 年 8 月 3 日，中国气象局向社会公众发布《中国气候变化蓝皮书（2022）》（以下简称《蓝皮书》）。《蓝皮书》显示，全球变暖趋势仍在持续。2021 年，全球平均温度较工业化前水平（1850—1900 年平均值）高出 1.11℃，是有完整气象观测记录以来的 7 个最暖年份之一。最近 20 年（2002—2021 年）全球平均温度较工业化前水平高出 1.01℃。同时，海洋变暖在 20 世纪 80 年代后期以来显著加速，2021 年全球海洋热含量（上层 2 000 米）再创新高。1993—2021 年，全球平均海平面的上升速率为 3.3 毫米/年；2021 年，全球平均海平面达到有卫星观测记录以来的最高位。2022 年 3 月中旬，北极部分地区气温较往年同期平均水平高出约 30℃。

一、全球气候变暖的成因

全球气候变暖是一种和自然有关的现象，是由于温室效应不断积累，导致地气系统吸收与发射的能量不平衡，能量不断在地气系统累积，从而导致温度上升，造成全球气候变暖。

由于人们焚烧化石燃料，如石油，煤炭等，或砍伐森林并将其焚烧时会产生大量的二氧化碳，即温室气体，这些温室气体对来自太阳辐射的可见光具有高度透过性，而对地球发射出来的长波辐射具有高度吸收性，能强烈吸收地面辐射中的红外线，导致地球温度上升，即温室效应。

生态词典

温室效应：温室效应又称“花房效应”或“大气保温效应”。在地球引力作用下，地球表面原本就裹着一层厚厚的保护膜——大气层，大气层用于防止阳光与外来物体对地球的伤害，同时也可将太阳短波辐射透过大气射入地面，而地面增暖后放出的长波辐射又被大气中的二氧化碳等物质所吸收，从而产生保暖效果。由于这种保温作用类似于栽培农作物的温室，故称温室效应。大气中温室气体的含量决定了保温的强度与效果，大气保温本可以促进地球生物的繁衍与生长，有益于地球生物当然也包括人类，但由于工业文明产生了超量的吸热物质，这一平衡被打破了，温室效应随之增强，在太阳照射外加人类制造的超量温室气体共同作用下，地球表面温度直线攀升所引起的全球气候变暖等一系列极其严重的问题，引起了全世界的关注。

（资料来源：https://baike.baidu.com/item/温室效应/138447?fr=aladdin）

空气中本含有二氧化碳，而且在过去很长一段时间始终处于“边增长、边消耗”的动态平衡状态中，其中80%来自人和动植物的呼吸，20%来自燃料的燃烧。散布在大气中的二氧化碳有75%被海洋、湖泊、河流等地面的水及降水吸收溶解，有5%的二氧化碳通过植物光合作用，转化为有机物质贮藏起来。通过这些途径，大气中的二氧化碳基本保持恒定，占空气成分的0.03%。

工业文明后，由于人口急剧增加，工业迅猛发展，人类及动物呼出的二氧化碳和工业排放的大量二氧化碳，远远超出了生态环境可以承受的范围。而另一方面，由于对森林乱砍滥伐，对湿地任意破坏，对草原随意开垦和城镇化建设、工业园建设等现象，造成的土地硬化、沙化等现象破坏了植被，减少了将二氧化碳转化为有机物的条件。再加上地表水域逐渐缩小，降水量大大降低，减少了吸收溶解二氧化碳的条件，破坏了二氧化碳的生成与转化的动态平衡，一增一减之中，温室气体含量倍增，促使地球气温直线攀升。到目前为止人类仍然没有放慢这一脚步，致使气温恶性循环愈加严重。

形成温室效应的气体，除二氧化碳外，还有其他气体。其中二氧化碳约占70%、氟氯代烷约占15%~20%，此外还有甲烷、氧化亚氮等30多种。科学研究表明，二氧化碳本来可以通过防止地表热量辐射到太空中调节地球气温，如果没有二氧化碳，地球的年平均气温将比目前降低20℃。但是，如果二氧化碳含量过高，就会使地球仿佛捂在一口锅里，热气升腾而散发不出去，温度渐次升高。

生态词典

《巴黎协定》:《巴黎协定》于2015年12月12日在第21届联合国气候变化大会上通过，于2016年11月4日起正式实施。《巴黎协定》是继1992年《联合国气候变化框架公约》和1997年《京都议定书》之后，人类历史上应对气候变化的第3个里程碑式的国际法律文本。其长期目标是将全球平均气温上升幅度控制在2℃以内（与工业化时期相比），并努力将温度上升幅度控制在1.5℃以内。

二、全球气候变暖的危害

全球气候变暖的危害从自然辐射到人类本身，涉及人类生存的各个方面。

（一）海平面上升

过去的百年海平面上升了14.4cm，我国海平面上升了11.5cm。海平面升高的原因，主要是海水热膨胀，当海洋变暖时，海平面则升高。全球升温会引起地球南北两极的冰山融化，这也是造成海平面上升的主要原因之一。IPCC在韩国仁川发布的《IPCC全球升温1.5℃特别报告》中对此有特别指出到2100年，将全球变暖限制在1.5℃而非2℃，全球海平面上升将减少10厘米。

如果极地冰山融化，经济发达、人口稠密的沿海地区会被海水吞没，马尔代夫、塞舌尔等低洼岛国将从地面上消失，上海、香港、威尼斯、里约热内卢、东京、曼谷、纽约等大城市以及孟加拉国、荷兰、埃及等国也将难逃厄运。

（二）极端天气频现

全球气候变暖导致全球平均温度升高，但分布点却呈发散性和不均匀性。其中，全球气候变暖的速率在高纬度地区和中低纬度地区不均匀，高纬度地区比中低纬度地区升温更加强烈，从而导致了中高纬地区径向环流减弱。中高纬地区的西风基本流一旦减速，中高纬地区的“槽”和“脊”移动就会减慢，并且长时间控制某一地区，这就影响了大气环流的正常运行，从而引发出更多气候事件。

 知识链接

气候变暖加剧极端天气频率

2022年8月22日6时，中央气象台连续第11天发布我国高温最高级别预警——高温红色预警。不仅是中国，西班牙、葡萄牙、法国、英国等均出现超40℃高温热浪，多地突破历史极值，人体健康、电力供应、农业生产、水资源等受到威胁。

热浪为何来势汹汹？极端天气未来会成为常态吗？气象专家表示，今年极端天气的程度之强、频次之高十分罕见。除短期的直接气象因素之外，已有大量证据表明，这与长期的气候变化关系密切。气候变化再一次给全世界敲响警钟。

（一）北半球普遍遭遇高温热浪，多国气温破历史纪录

“我国经历了1961年有完整气象观测记录以来的最强高温过程，这一过程具有持续时间长、范围广、强度大、极端性强等特点。”据国家气候中心气候服务首席专家周兵介绍，截至2022年8月21日，这个夏天我国高温事件在持续时间（70天）、40℃以上高温区覆盖范围（150万平方公里）、单站最高气温强度（45℃）和国家气象站破历史极值站数（330站）均创下新纪录。

放眼全球，气温图上象征35℃以上高温天气的深红色和橙色，广泛分布在欧洲、北非、北美、东亚等地。在短短1个月内，欧洲经历了两轮热浪侵袭。世界气象组织表示，当前正席卷欧洲的热浪还将持续，高温等气候变化的负面影响将至少持续至21世纪60年代。

江河水位降低、森林草原火灾风险增高、农作物干旱、电力和水资源供应紧张……热浪带来的不仅是体感热，还有一系列次生灾害。

异常高温外加降雨明显少于往年，欧洲多地旱情严重。“从西班牙干涸开裂的水库，到多瑙河、莱茵河、波河等主要河流水位下降，一场史无前例的旱灾正席卷近半个欧洲。”

美联社报道称，欧洲大陆多数地区近两个月没有出现明显降水，有专家称这是“500年来最严重的干旱”。

高温干旱导致河流水位严重下降，河床裸露，航船难行。莱茵河是欧洲重要的内陆航道，流经德国、法国、荷兰、瑞士等国，素有“黄金水道”之称。德国联邦和地方的航道与航运管理机构近期多次预警，莱茵河下游沿岸不少城市附近的航道水位都已刷新历史最低纪录，导致航运量大幅减少，船舶实际负载量不足正常情况的一半。

长期高温叠加旷日持久的干旱，森林火灾威胁陡增。欧洲森林火灾信息系统数据显示，法国今年累计已有5万多公顷森林被大火烧毁，是近十年来平均水平的3倍多。美国加利福尼亚州也发生较大规模山林火灾。

在意大利波河地区，严重干旱导致稻田干涸缺水。当地农民估算，今年的水稻收成可能会“腰斩”。德国农民协会近日警告说，在持续干旱的情况下，要警惕作物歉收和价格上涨的情况出现。如果不能尽快持续降雨，收成可能会减少30%或40%。

极端高温对人体健康同样构成威胁。“热会致病，热应激和高浓度地面臭氧会对健康产生严重影响。”德国医生协会主席克劳斯·莱因哈特（Klaus Reinhardt）谈到欧洲这一波热浪的影响时说。法国卫生部门警告，热浪期间民众因体温过高、脱水等原因就诊次数明显增多。

（二）气候变暖加剧了气候系统的不稳定性，更易导致极端天气气候事件发生

高温事件为何“超长待机”？气象观测可以提供直接、短期的解释。高温往往由特定天气系统导致，最常见的就是副热带高压，它控制的地区盛行下沉气流，一方面空气下沉会压缩增温，另一方面上升运动较弱，少云少雨。

“北半球极端高温由多重因素导致，大气环流持续异常是一个直接原因。”周兵说，西太平洋副热带高压带、大西洋高压带和伊朗高压均阶段性增强，由此形成大范围的整体环北半球暖高压带，使得热空气留在近地面散不出去，继而出现高温热浪事件。

拉尼娜气候事件对大气环流异常有“推波助澜”的作用。拉尼娜是指赤道中东太平洋海水异常偏冷的现象，能引起大气环流变化，进而影响气候。“今春以来，赤道东太平洋拉尼娜事件加强，加之印度洋海温异常，推动副热带高压持续增强。”周兵说。

从更长的气候尺度来考量，全球变暖是北半球高温热浪的大背景。人类活动导致的长期气候变化，是极端天气发生频率和强度增加的深层原因。

“气候变暖会改变全球的海洋和大气环流形势，并通过海洋和大气、陆地和大气的相互作用进一步影响局地气候。气候变暖加剧了气候系统的不稳定性，更易导致极端天气气候事件发生。”国家气候中心主任、研究员巢清尘告诉记者，气候变化呈现的总体特点就是使得全球气候的不稳定性加剧，由此对自然生态系统和经济社会系统的影响和风险日趋严重。

IPCC第六次评估报告称，最近50年全球变暖正以过去2 000年以来前所未有的速度发生。世界气象组织发布的报告显示，过去50年，由于气候变化的影响，灾害数量增加了5倍，灾害损失增加7倍多。

“气候变化导致极端天气气候事件呈现出频发、广发、强发和并发的趋势。”周兵提到，

极端天气导致的复合型灾害正在不断增加。高温热浪和干旱可能会更加频繁地发生，并伴有发生野火的风险；在一些地方，发生复合型洪水的可能性上升，并且由于海平面上升和降水强度加大，这种可能性将继续增大。

据周兵观察，与21世纪以来的几次高温事件相比，今年的热浪无论是开始的时间，还是极端性的程度，都有明显提前和增强的趋势。

世界气象组织认为，受气候变化影响，预计未来极端高温将出现得更频繁、更强烈。该组织发言人纳利斯表示，如果温室气体排放继续上升，全球变暖幅度将会更大，目前所经历的只是“未来的预兆”。

“由于全球变暖程度加剧，极端高温、极端强降水等事件出现频率加快、周期缩短，原本50年一遇的变为20年甚至10年一遇。全球气温每上升1℃，导致极端降水强度增加7%。未来每0.5℃的增暖，都会显著改变极端温度事件等的发生频率。”周兵说，极端高温全球上演，或将预示“北半球40℃时代”的来临，但这尚需进一步观察和科学确认。

（资料来源：柴雅欣. | 气候变量加剧极端天气频率. 中国纪检监察报，2022年8月. 整理改写）

（三）对动植物的影响

对于自然界的动植物来说，没有一个适合生存的生态环境就意味着灭绝的可能，而气温则是影响生境的一个重要因素。随着全球变暖，气温的升高，许多喜热的动植物活动范围会朝高纬地区扩张，这对于原本生活在这些地方的原生物种来说就是外来物种的入侵，不仅意味着生存环境与资源的减少，更有可能带来物种的灭绝。以往的气候变化（如冰期）曾使许多物种消失，可以预见未来的气候将使一些地区的某些物种消失。

知识链接

气候变化加剧，或致北极熊灭绝

《自然》杂志在2020年7月20日发布的最新研究显示，随着气候变化加剧，北极熊的生存环境遭到极大破坏，这一物种或将于2100年灭绝。

研究指出，北极熊依靠北冰洋上的海冰觅食，而随着气候变暖导致海冰融化，北极熊被迫前往海岸地区寻找食物、哺育幼崽，这或将导致北极熊的数量大幅下降。最早到2040年，许多北极熊可能会面临繁衍问题，致使一些地区的北极熊开始灭绝。而若是全球温室气体排放量保持现状，到2100年几乎所有北极熊都将灭绝。

参加此项研究的加拿大多伦多大学生物学家彼得·莫尔纳（Peter Molnar）称，“北极熊本就生活在地球的最顶端（最北边）；如果海冰消失，它们将无处可去”。

据《卫报》报道，研究提出了两种温室气体排放带来的影响，第一种是如果排放量保持现状不变化，到21世纪末，很有可能只有加拿大北部的伊丽莎白女王岛上会留存部分北极熊；第二种是如果温室气体排放得到部分抑制，到2080年，北极地区的北极熊仍将面临繁衍困境。

北极熊国际协会首席科学家史蒂文·阿姆斯特拉普（Steven Amstrup）对BBC表示，研究发现，“北极熊幼崽将难以生存，即使它们被生下来了，在无冰季节，它们的母亲也没有足够的体内脂肪产奶哺乳它们”。

国际自然保护联盟早已将北极熊列为“易危到濒危”级别物种，指出气候变化是导致该物种数量减少的主要因素。据科学家们估计，目前全球大约有26 000只北极熊，主要分布在挪威斯瓦尔巴特群岛、加拿大哈得逊湾以及阿拉斯加、西伯利亚等地。

研究人员指出，不同地区的北极熊面临的威胁可能不一样，这同时也提醒人类，必须立刻采取行动，以避免出现最糟糕的情况。阿姆斯特拉普称，“我们现在的预测不容乐观，但如果整个国际社会立即采取行动，我们将赢得时间拯救北极熊。而如果我们这么做了，整个地球上的物种都将获益，也包括人类自己”。

（资料来源：谢莲.《自然》杂志最新研究：北极熊或将于2100年灭绝.新京报，2020年7月.整理改写）

（四）对农业的影响

众所周知，光热水是植物生长的决定因素，对于农业来说，光热水充足的地区农业就相对要发达，粮食的质量与产量也更高，稳定性也是如此。随着全球变暖，我们可以发现许多粮食的种植范围开始扩大，如公元800—1200年北大西洋地区的平均温度比现在高1℃，使玉米在挪威种植成为可能，这是全球变暖的一个有利影响。但是，全球变暖意味着气温的变动会更加频繁，而且温度的变化对于农业的影响是无法想象的，公元1500—1800年，西欧出现小冰川期，平均气温也只比现在低1~2℃，就造成了挪威一半农场弃耕，冰岛的农业耕种活动则几乎全部停止。除此之外，全球变暖还会使高温、热浪、热带风暴、龙卷风等自然灾害加重，使得农业生产的稳定性遭到极大的破坏。因此，可以想象到全球气温升高后，世界粮食生产的稳定性和分布状况将会有很大变化。

（五）对人类的影响

人类的健康与生活的环境息息相关，在全球变暖的影响下许多疾病病原体的活跃范围得到了扩张，主要体现为发病率和死亡率增加，尤其是疟疾、淋巴结丝虫病、血吸虫病、钩虫病、霍乱、脑膜炎、黑热病、登革热等传染病将危及热带地区和国家。而某些目前主要发生在热带地区的疾病也可能随着气候变暖向中纬度地区传播，由于这些地区之前并没有这些病菌存在使得这些地区的人体内并没有应对这些新病菌的抗体，可想而知，一旦肆虐那么后果是如何可怕。

第三节 环境污染

扫一扫 学一学

环境污染是指人类直接或间接地向环境排放超过其自净能力的物质或能量，从而使环境的质量降低，对人类的生存与发展、生态系统和资源造成不利影响的现象。环境污染按环境因素可分为大气污染、水污染和土壤污染。

一、大气污染

大气是生活在地球上的生命体所必需的，可保护它们免遭来自外层空间的有害影响，植物进行光合作用所需的二氧化碳、动物和人呼吸所需的氧气以及固氮菌所用的氮都由大气提供。此外，大气还行使着把水分从海洋输送到陆地的功能。人通过呼吸与外界进行气体交换，从空气中吸收氧气，呼出二氧化碳，以维持生命活动。一个成年人通常每天呼吸2万多次，吸入10~15m^{3}的空气。因此，空气的清洁程度及其理化性状与人类健康关系十分密切。

大气污染是指空气中污染物的浓度达到有害程度，以致破坏生态系统和人类正常生存和发展的条件，对人和生物造成危害的现象。大气污染包括天然污染和人为污染两大类。天然污染主要由于自然原因形成，如沙尘暴、火山爆发、森林火灾等。人为污染是由于人们的生产和生活造成的，可来自固定污染源（如烟囱、工业排气管等）和流动污染源（汽车、火车等各种机动交通工具）。二者相比，人为污染的来源更多，范围更广。

大气污染物主要通过呼吸道进入人体，小部分污染物也可以附着至食物、水体或土壤，通过进食或饮水，经消化道进入体内，儿童还可能经直接食入尘土而由消化道摄入大气污染物。有的污染物可通过直接接触黏膜、皮肤进入机体，脂溶性的物质更易经过完整的皮肤而进入体内。

大气污染对人体的危害大致可分为急性中毒、慢性中毒和引起癌症。

（一）急性中毒

大气污染物的浓度在短期内急剧升高，可使当地人群因吸入大量的污染物而引起急性中毒，按其形成原因又可分为烟雾事件和生产事故。

1.烟雾事件

根据烟雾形成的原因，烟雾事件可以分为煤烟型烟雾事件、光化学型烟雾事件。

（1）煤烟型烟雾事件。煤烟型烟雾事件主要由燃煤产生的大量污染物排入大气，在不良气象条件下不能充分扩散所致。在这类烟雾事件中，引起人群健康危害的主要大气污染物是烟尘以及二氧化硫。烟尘中含有的三氧化二铁等金属氧化物，可催化二氧化硫氧化成硫酸雾，而后者的刺激作用是前者的10倍左右。自19世纪末开始，世界各地曾经发生过许多起大的烟雾事件，其中以1952年12月在伦敦发生的烟雾事件最为严重。

1952年12月5日至9日，英国许多地区被浓雾覆盖，大气呈逆温状态。伦敦的情况尤为严重，气温在-3℃至4℃，空气静止，浓雾不散，4~5天内持续不变。空气中的污染物浓度不断增高，烟尘浓度最高达4.46mg/m^3，为平时的10倍；二氧化硫的最高浓度达到3.8mg/m^3，为平时的6倍。对这一异常情况首先发生反应的是一群准备在交易会上展出的得奖牛。它们表现为呼吸困难，舌头吐露，其中1头当即死去，12头奄奄一息，还有160头需要治疗。与此同时，数千市民出现胸闷、咳嗽、咽痛、呕吐等症状，以此病患者为主的死亡人数骤增。12

月 7 日至 13 日这一周，死亡人数突然猛增，死亡总数为 4 703 人，与 1947—1951 年同期相比多了 2 851 人。之后的第二周内，死亡人数为 3 138 人，仍较平时成倍增加。在此后两个月内，还陆续有 8 000 人死亡。这次事件造成的死亡人数高于以前的估计，达 12 000 人。

（2）光化学型烟雾事件。光化学型烟雾事件是由汽车尾气中的氮氧化物和挥发性有机物在日光紫外线的照射下，经过一系列的光化学反应生成的刺激性很强的浅蓝色烟雾所致，其主要成分是臭氧、醛类以及各种过氧酰基硝酸酯，这些统称为光化学氧化剂。其中，臭氧约占 90% 以上，各种过氧酰基硝酸酯约占 10%，其他物质的比例很小。光化学型烟雾在世界许多大城市都曾经发生过，例如，美国的洛杉矶、纽约，日本的东京和大阪，澳大利亚的悉尼，印度的孟买，以及我国的北京、上海、成都等地。1955 年，美国的光化学型烟雾时间持续一周多，气温高达 37.8℃，致使哮喘和支气管炎流行，65 岁及以上人群的死亡率升高，每日死亡 70~317 人。

2. 生产事故

事故造成的大气污染急性中毒事件一旦发生，后果通常十分严重。比较有代表性的事件是印度博帕尔毒气泄漏事件。博帕尔是印度中央邦的首府，美国联合碳化物公司博帕尔农药厂就建在该市的北部人口稠密区，工厂设备年久失修。1984 年 12 月 2 日深夜和 3 日凌晨，该厂的一个储料罐进水，罐中的化学原料发生剧烈的化学反应，储料罐爆炸，41 吨异氰酸甲酯泄漏到居民区，酿成迄今世界最大的化学污染事件。毒气泄漏时，微风自东北吹向西南，白色的烟雾顺着风向弥漫在博帕尔市区狭长地带的上空，烟雾两个小时才逐渐消散。在这次惨剧中，有 521 262 人暴露于毒气，其中严重暴露的有 32 477 人，中度暴露的有 71 917 人，轻度暴露的有 416 868 人，2 500 人因急性中毒死亡。该事件导致的各种后遗症、并发症不计其数，给当地居民的健康和社会政治经济造成无法弥补的损失。暴露者的急性中毒症状主要有咳嗽、呼吸困难、分泌物多、眼结膜分泌物增多、视力减退，严重者出现失明、肺水肿、窒息和死亡。事件后当地的流产和死亡率明显增加。事件后 10 年的调查显示，当年暴露人群的慢性呼吸道疾病患病率高、呼吸功能降低、免疫功能降低，神经系统症状如失眠、头痛、头晕、记忆力降低、动作协调能力差、精神抑郁等的发病率高。

知识链接

重庆市开州区“12 · 23”特大天然气井喷事故

开州区位于重庆市东北部，拥有极其丰富的天然气储存。2003 年 12 月 23 日 21 时 55 分，位于开州区高桥镇晓阳村境内的中石油天然气井“罗家 16H”井发生井喷，大量富含硫化氢的天然气喷涌而出。失控的有毒气体随空气迅速大面积扩散，使附近空气中硫化氢浓度急剧升高，造成附近居民大量中毒和死亡以及巨大财产损失。

在井喷井周围 1km^2 内的山坡上，附近居民饲养的家禽、家畜全部死亡，附近的野生动物如老鼠、野兔等全部死亡，甚至栖息在其附近的飞鸟也基本难逃劫难。据事件后的统计，开州区高桥镇及其附近的麻柳乡、厚坝镇、天和乡 4 个乡镇、30 个村的 9.3 万人受灾，疏散转移居民 6.5 万人，累计门诊治疗中毒者 27 011 人次，住院治疗 2 142 人次，243 人死亡。中毒者主要表现为眼部和呼吸道刺激症状以及头昏、头痛、失眠、多梦等神经系统症状。该井天然气中硫化氢含量为151mg/m^3，据估计事件中由井中至少喷出3 000吨硫化氢。

（资料来源：编者根据网络资源整理改写）

（二）慢性中毒

1. 影响呼吸系统

大气中的二氧化硫、氮氧化物及颗粒物不仅能产生急性刺激作用，还会长期反复刺激机体引起咽炎、喉炎、眼结膜炎和气管炎等。呼吸道炎症反复发作，会造成气管狭窄，气管阻力增加，肺功能不同程度的下降，最终形成慢性阻塞性肺病。

长期居住在颗粒物污染严重地区的居民，会出现肺活量降低、呼气时间延长的症状，呼吸道疾病的患病率增高。大气PM_{10}、$PM_{2.5}$浓度每增加10μg/m^3，引起支气管炎发病的风险比分别为1.34、1.29。

2. 影响心血管系统

美国的一项空气污染与死亡率和发病率关系研究显示，人群死亡率与死亡前日颗粒物浓度相关。PM_{10}每升高10μg/m^{3}可引起总死亡率和心肺疾病死亡率分别上升0.21%和0.31%。欧洲环境污染和健康研究发现，PM_{10}每升高10μg/m^3，每日总死亡率和心血管疾病死亡率分别增加0.6%和0.69%。其他研究也表明，大气污染与心血管疾病死亡率、住院率、急诊率和疾病恶化率等增加有关系。此外，大气污染长期暴露还与心律失常、心衰、心搏骤停的危险度升高有关。

（三）致癌

2013年10月17日，世界卫生组织下属的国际癌症研究机构发布报告，首次明确将大气污染确定为人类致癌物，其致癌风险归为第一类，即明确的人类致癌物。报告指出，有充分证据显示，大气污染和肺癌之间有因果关系。此外，大气污染还会增加患膀胱癌的风险。

（四）其他危害

1. 降低机体免疫力

在大气污染严重的地区，居民唾液溶菌酶和分泌型免疫球蛋白的含量均明显下降，血清中的其他免疫指标也有下降，表明大气污染可使机体的免疫功能降低。近年来的流行病学研究提示，大气污染与婴幼儿的急性呼吸道感染死亡率和发病率的增高有关。大气污染物可削弱肺部的免疫功能，增加儿童呼吸道对细菌等的易感性。据估计，大气$PM_{2.5}$的日平均浓度每升高20μg/m^3，急性下呼吸道感染的危险将增加8%。

2. 引起变态反应

除花粉等变应原外，大气污染物可通过直接或间接的作用机制引起机体的变态反应。大量的研究证据表明，大气污染可加剧哮喘患者的症状，大气中的二氧化硫、臭氧、氮氧化物等污染物会引起支气管收缩、气管反应性增强以及加剧过敏反应。在荷兰进行的出生队列研究发现，交通污染与出生后2年内幼儿喘鸣、哮喘发生的相对危险度增加有关。实验研究表明，柴油车尾气颗粒物可作为卵白蛋白的佐剂引起实验动物IgE分泌增加、过敏性炎症反应加剧以及气管高反应性。空气颗粒物，特别是柴油车尾气颗粒可作为佐剂，加剧变应性鼻炎的症状。还有研究观察到二氧化氮污染可增加患花粉症的危险度。

大气的颗粒物中含有多种有毒元素如铅、镉、铬、氟、砷、汞等。有研究发现，大气中镉、锌、铅以及铬浓度的分布与这些地区的心脏病、动脉硬化、高血压、中枢神经系统疾病、慢性肾炎等疾病的分布趋势一致。一些工厂如铝厂、磷肥厂和冶炼厂排出的废气中含有高浓度的氟，可引起当地居民的慢性氟中毒。含铅汽油的使用可污染公路两旁大气及土壤，对儿童的中枢神经系统等功能产生危害。

二、水污染

水污染是指水体因某种物质的介入，导致其化学、物理、生物或放射性等方面的特性发生改变，造成水质恶化，从而影响水的有效利用，进而危害人体健康或破坏生态环境的现象。水中的污染物质主要包括有机污染物、重金属、石油类污染物和病原微生物等。

（一）有机污染物

影响水质的污染物质大部分为需氧有机污染物，包括碳水化合物、蛋白质、油脂、氨基酸、脂肪酸、脂类等。需氧有机物没有毒性，但水体需氧有机物越多，耗氧也越多，水质就越差，水体污染就越严重。由于需氧有机物造成水体缺氧，导致水生生物中鱼类危害严重。充足的溶解氧是鱼类生存的必要条件，目前水污染造成的死鱼事件，几乎绝大多数是由于这些类型的污染所致。当水体中溶解氧消失时，厌氧菌繁殖，形成厌氧分解，发生黑臭，分解出甲烷、硫化氢等有毒有害气体，更不适于鱼类生存和繁殖。

此外，还有一些有机毒物可导致水体污染，主要有酚类化合物、有机氯农药、有机磷农药、增塑剂、多环芳烃、多氯联苯等。

生态词典

水体富营养化：富营养化是指在人类活动的影响下，生物所需的氮、磷等营养物质大量进入湖泊、河口、海湾等缓流水体，引起藻类及其他浮游生物迅速繁殖，水体溶解氧量下降，水质恶化，鱼类及其他生物大量死亡的现象。在自然条件下，湖泊也会从贫营养状态过渡到富营养状态，不过这种自然过程非常缓慢。而人为排放含营养物质的工业废水和生活污水所引起的水体富营养化则可以在短时间内出现。水体出现富营养化现象时，浮游藻类大量繁殖，形成水华。因占优势的浮游藻类的颜色不同，水面往往呈现蓝色、绿色、红色、棕色、乳白色等。

（二）重金属

重金属作为有色金属在人类的生产和生活方面有着广泛的应用，因此在环境中存在着各种各样的重金属污染源。其中，采矿和冶炼是向环境释放重金属的主要污染源。水体受到重金属污染后，产生的毒性有以下几个特点。

（1）水体中重金属离子浓度在0.1~10mg/L，即可产生毒性效应。

（2）重金属不能被微生物降解，反而可在微生物的作用下，转化为金属有机化合物，使毒性猛增。

（3）水生生物从水体中摄取重金属并在体内大量积蓄，经过食物链进入人体，甚至经过遗传或母乳传给婴儿。

（4）重金属进入人体后，能与体内的蛋白质等发生化学反应而使其失去活性，并可能在体内某些器官中积累，造成慢性中毒，这种积累的危害，有时需要10~30年才显露出来。

（三）石油类污染物

石油类污染物在进入水体后，会在水面上形成厚度不一的油膜，隔绝水面与大气，减少水中的溶解氧含量，从而影响水体的自净作用，致使水质发黑变臭。它们还会不断扩散和下沉，使得污染范围越扩越大，从而破坏水体的正常生态环境。另外，水面浮油还可富集毒物到水体表层毒害水生生物，导致其中毒。石油类污染物污染水体后还可直接引起鱼类死亡，能使鱼虾类生物产生特殊的气味和味道，降低水产品的食用价值，严重影响其经济利用价值。除此之外，通过食物链的传递影响人体多种器官的正常功能，引发多种疾病，最终会危及人体的健康和安全。

（四）病原微生物

病原微生物主要来自城市生活污水、医院污水、垃圾及地表径流等方面。病原微生物的水污染危害历史悠久，至今仍是威胁人类健康和生命的重要水污染类型。洁净的天然水一般含细菌很少，病原微生物就更少。病原微生物污染的特点是数量大、分布广，存活时间长（病毒在自来水中可存活2~288天），繁殖速度快，易产生抗药性。因此，传统的二级生化污水处理及加氯消毒后，某些病原微生物仍能大量存活。此类污染物实际上可以通过多种途径进入人体，并在体内生存，一旦条件适合，就会引起疾病。

知识链接

水的自净

在水的自然循环中，往往由一些具有危害性的物质进入水体中，引起水质的变化，这些物质称为污染物。污染物进入水体后，会使水环境受到不同程度的污染。健康的水体由于存在较为稳定的生态系统，因此对于进入水体的污染物具有一定的自净能力。经过水体的物理、化学与生物作用，污水中污染物的浓度降低，经过一段时间后，水体往往能恢复到受污染前的状态，这一过程称为水的自净过程。

地表水的自净过程主要包括混合、日光照射、稀释、沉降、挥发、逸散、中和、有机物的分解、耗氧与复氧以及微生物死亡等。水体自净的结果是感官性状可基本恢复到污染前的状态，分解物稳定，水中溶氧量增加，化学需氧量降低，有害物质浓度降低，致病菌大部分被消灭，细菌总数减少等。总的来说，水体自净作用主要通过物理、化学、生物3个方面的作用来实现。

（1）物理作用。物理作用包括可沉性固体逐渐下沉，悬浮物、胶体和溶解性污染物稀释混合，浓度逐渐降低。其中稀释作用是一项重要的物理净化过程。

（2）化学作用。化学作用指污染物质由于氧化、还原、酸碱反应、分解、化合，或吸附和凝聚等作用而使污染物质的存在形态发生变化和浓度降低的过程。

（3）生物作用。生物作用指由于各种生物(藻类、微生物等)的活动特别是微生物对水中有机物的氧化分解作用使污染物降解。它在水体自净中起到非常重要的作用。

水体中污染物的沉淀、稀释、混合等物理过程，氧化还原、分解化合、吸附凝聚等化学和物理化学过程以及生物化学过程等，往往是同时发生，相互影响，并相互交织进行。一般说来，物理化学和生物化学过程在水体自净中占主要地位。

当然，水体的自净能力是有限的，超过水体的自净能力，其污染就不能清除，水质仍可进一步恶化。水体的自净与污染物的种类、负荷、性质、浓度和水体本身的物理、化学、生物等因素密切相关。

（资料来源：编者根据网络资源整理改写）

三、土壤污染

土壤污染是指人为活动产生的污染物进入土壤并积累到一定程度，引起土壤质量恶化，并造成危害的现象。当土壤中有害物质过多，超过土壤的自净能力时，就会引起土壤的组成、结构和功能发生变化，使微生物活动受到抑制，有害物质或其分解产物在土壤中逐渐积累，并且通过“土壤—植物—人体”或“土壤—水—人体”间接被人体吸收。

（一）土壤污染的特点

土壤污染不像大气污染与水污染那样容易为人们所发现，因为土壤是更复杂的三相共存体系。各种有害物质在土壤中，总是与土壤相结合，有的为土壤生物所分解或吸收，从而改变其本来面目而被隐藏在土体里，或自土体排出，且不被发现。当土壤把有害物输送给农作物，通过食物链损害人畜健康时，土壤本身可能还继续保持其生产能力而经久不衰，这就充分体现了土壤污染的隐蔽性。这使认识土壤污染问题的难度增加了，以致污染危害持续发展。

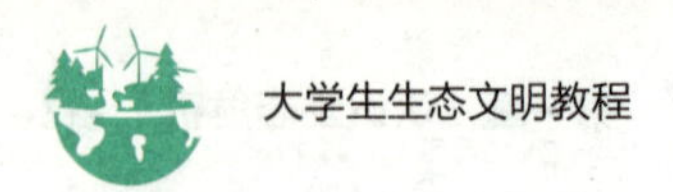

土壤污染及其危害的特点有两个：一是土壤对污染物的富集作用；二是土壤污染主要是通过它的产品——植物表现其危害。

土壤对污染物的富集作用，就是土壤对污染物的吸附和固定作用，也包括植物吸收与残落，从而聚集于土壤中。无机污染物，特别是金属和微量元素，都能与土壤有机质或矿质相结合，并长久地保存在土壤中。无论它们怎样转化，也无法使其重新离开土壤，这使无机污染物的土壤污染成为一种最顽固的环境污染问题。而有机污染物在土壤中，则可能受到微生物的分解而逐渐失去毒性，其中有些成分还可能成为微生物的营养来源。但其中药物类的成分也会毒害有益的微生物，成为破坏土壤生态系统的祸源，不过，有机污染物迟早会分解并从土壤中消失。

由于土壤对有机的、无机的污染物具有吸附和固定作用，它使污染物通过土壤后减轻了毒害，因为它们的有效性（浓度）被降低了，这就是土壤的自净作用，这个作用是大气和水体都无法与之相比的。因此，土壤成为污染物的“过滤器”，从而被广泛地用来处理废水和废渣。但也是因此让废物中的有害物质日积月累，使土壤成为二次污染源。

植物从土壤中选择吸收必需的营养物，同时也被动地甚至被迫地吸收土壤释放出来的有害物质。植物的吸收利用，有时能使污染物浓度达到危害自身或危害人、畜的水平。即使没有达到毒害水平的含毒植物性食品，只要人、畜食用，当它们在动物体内排出率低时，也可以逐日积累，由量变到质变，最后引起病变。

（二）土壤污染源

土壤污染物的来源极其广泛，这与土壤环境在生物圈中所处的特殊地位和功能密切相关。

（1）人类把土壤作为农业生产的劳动对象和获得生命能源的生产基地。为了提高农产品的数量和质量，每年都不可避免地要将大量的化肥、有机肥、化学农药施入土壤，从而带入某些重金属、病原微生物、农药本身及其分解残留物。同时，还有许多污染物随农田灌溉用水输入土壤，利用未做任何处理的，或虽经处理而未达标排放的城市生活污水和工矿企业废水直接灌溉农田，是土壤有毒物质的重要来源。

（2）土壤历来就是作为废物（生活垃圾、工矿业废渣、污泥、污水等）的堆放、处置与处理场所，大量有机和无机污染物随之进入土壤，这是造成土壤污染的重要途径和污染来源。

（3）由于土壤环境是个开放系统，土壤与其他环境要素之间不断地进行着物质与能量的交换，因大气、水体或生物体中污染物质的迁移转化，从而进入土壤，使土壤环境随之遭受二次污染，这也是土壤污染的重要来源。例如，工矿业所排放的气体污染物，先污染了大气，但可在重力作用下，随雨、雪降落于土壤中。

以上这几类污染是由人类活动的结果而产生的，统称为污染源。根据人为污染物的来源不同，又可大致分为工业污染源、农业污染源和生物污染源。

工业污染源就是指工矿业排放的废水、废气、废渣。一般直接由工业“三废”引起的土壤污染仅限于工业区周围数十公里范围内，属点源污染。工业“三废”引起的大面积土壤污染往往是间接的，并经长期作用使污染物在土壤中积累而造成的。例如，将废渣、污泥等作为肥料施入农田，或由于大气、水体污染所引起的土壤二次污染等。

农业污染源主要是指由于农业生产本身的需要，而施入土壤的化学农药、化肥、有机肥，以及残留于土壤中的农用地膜等。

生物污染源是指含有致病的各种病原微生物和寄生虫的生活污水、医院污水、垃圾，以及被病原菌污染的河水等进入土壤中，这是造成土壤生物污染的主要污染源。

打好污染防治攻坚战，基本实现美丽中国建设目标

良好生态环境是实现中华民族永续发展的内在要求，是增进民生福祉的优先领域，是建设美丽中国的重要基础。党的十八大以来，以习近平同志为核心的党中央全面加强对生态文明建设和生态环境保护的领导，开展了一系列根本性、开创性、长远性工作，推动污染防治的措施之实、力度之大、成效之显著前所未有，污染防治攻坚战阶段性目标任务圆满完成，生态环境明显改善，人民群众获得感显著增强，厚植了全面建成小康社会的绿色底色和质量成色。同时应该看到，我国生态环境保护结构性、根源性、趋势性压力总体上尚未根本缓解，重点区域、重点行业污染问题仍然突出，实现碳达峰、碳中和任务艰巨，生态环境保护任重道远。为进一步加强生态环境保护，深入打好污染防治攻坚战，2021 年 11 月 2 日，中共中央、国务院印发了《关于深入打好污染防治攻坚战的意见》（以下简称《意见》）。

《意见》指出，要深入贯彻习近平生态文明思想，以实现减污降碳协同增效为总抓手，以改善生态环境质量为核心，以精准治污、科学治污、依法治污为工作方针，统筹污染治理、生态保护、应对气候变化，保持力度、延伸深度、拓宽广度，以更高标准打赢蓝天、碧水、净土保卫战，以高水平保护推动高质量发展、创造高品质生活，努力建设人与自然和谐共生的美丽中国。

《意见》提出的主要目标是，到 2025 年，生态环境持续改善，主要污染物排放总量持续下降，单位国内生产总值二氧化碳排放比 2020 年下降 18%，地级及以上城市细颗粒物（PM2.5）浓度下降 10%，空气质量优良天数比率达到 87.5%，地表水Ⅰ－Ⅲ类水体比例达到 85%，近岸海域水质优良（一、二类）比例达到 79% 左右。《意见》还提出，重污染天气、城市黑臭水体基本消除，土壤污染风险得到有效管控，固体废物和新污染物治理能力明显增强，生态系统质量和稳定性持续提升，生态环境治理体系更加完善，生态文明建设实现新进步。

到 2035 年，广泛形成绿色生产生活方式，碳排放达峰后稳中有降，生态环境根本好转，美丽中国建设目标基本实现。

针对加快推动绿色低碳发展，《意见》要求深入推进碳达峰行动，聚焦国家重大战略打造绿色发展高地，推动能源清洁低碳转型，坚决遏制高耗能高排放项目盲目发展，推进清洁生产和能源资源节约高效利用，加强生态环境分区管控，加快形成绿色低碳生活方式。

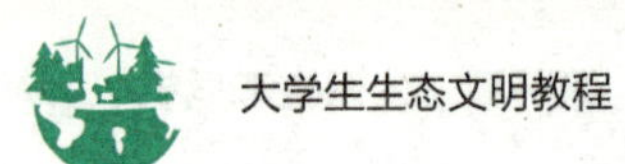

针对深入打赢蓝天保卫战,《意见》要求着力打好重污染天气消除攻坚战，着力打好臭氧污染防治攻坚战，持续打好柴油货车污染防治攻坚战，加强大气面源和噪声污染治理。

针对深入打好碧水保卫战,《意见》要求持续打好城市黑臭水体治理攻坚战，持续打好长江保护修复攻坚战，着力打好黄河生态保护治理攻坚战，巩固提升饮用水安全保障水平，着力打好重点海域综合治理攻坚战，强化陆域海域污染协同治理。

针对深入打好净土保卫战,《意见》要求持续打好农业农村污染防治攻坚战，深入推进农用地土壤污染防治和安全利用，有效管控建设用地土壤污染风险，稳步推进“无废城市”建设，加强新污染物治理，强化地下水污染协同防治。

针对切实维护生态环境安全,《意见》要求持续提升生态系统质量，实施生物多样性保护重大工程。强化生态保护监管，确保核与辐射安全，严密防控环境风险。

针对提高生态环境治理现代化水平,《意见》要求全面强化生态环境法治保障，健全生态环境经济政策，完善生态环境资金投入机制，实施环境基础设施补短板行动，提升生态环境监管执法效能，建立完善现代化生态环境监测体系，构建服务型科技创新体系。

（资料来源：朱彩云. 中共中央国务院印发《意见》 深入打好污染防治攻坚战. 中国青年报，2021 年 11 月. 整理改写）

第四节　生物多样性困境

一、生物多样性的内涵和价值

生物多样性是指地球上各种各样的生命及其多种自然形式，包括众多的植物、动物和微生物，也包括每一物种的不同基因型，如各种各样的作物和不同品种的牲畜，还包括各种各样的生态系统，如沙漠、森林、湿地、山区、湖泊、河流和农业景观等。

（一）生物多样性的内涵

生物多样性的内涵应当包括遗传多样性、物种多样性、生态系统多样性 3 个层面。其中遗传多样性一般是指与遗传基因相关的各种物种基因之间的变化；物种多样性可以看作是在一定范围内的物种之间的种类和数量上的变化；而生态系统的多样性则是在整体的层面上分析生态系统内部物种和生存环境之间的变化。还有学者认为，除了以上 3 个部分，生物多样性还应当包含景观多样性，景观多样性是指与环境和植被动态相联系的景观斑块的空间分布标志。景观多样性会为被保护的物种提供多种类型的小的生存环境。将生物多样性划分为这些层次，并不表明生物多样性仅仅表现为这几个方面，它还包括诸多层次，而且每个层次都有独特的价值。

（二）生物多样性的价值

生物多样性的价值可以概括为直接价值、间接价值和潜在价值。

1. 直接价值

生物多样性的直接价值既包括生物产品及其简单加工品所提供的市场价值，也包括在旅游观赏以及科学文化发展等方面所展现的服务价值。

生物资源与其他非生物资源有所不同，其本身具有多样性的同时，其多样性的价值对于人类来说，更是可以利用的一种生物资源，有巨大的经济价值。首先，在生产生活上，人类的衣食住行，生活起居都与生物多样性密切相关。目前人类从自然界中获取到的食物等必需品，还有纤维、木材、药物、建筑材料及其他工业原料都是丰富多样的生物资源带来的。除了以上人类所能触摸到的经济价值外，生物资源的多样性还能给人类带来最直观的心理感受，也就是其所能带来的服务价值。人类现在所能看到、欣赏到的各种风景名胜，能够切身体会到大自然奇妙之处的生态旅游，这些都是生物资源的多样性所带给来最直观的直接价值。

2. 间接价值

与能够最直接接触或者感受到的生物多样性的直接价值不同，生物多样性的间接价值，不仅不能直接触碰到，甚至可能不能直接感受到。生物多样性的这些间接价值即便不能直接产生经济收益，但是它的贡献可能大大超过其直接价值，而且直接价值常常源于间接价值，也就是说我们通常认为的生物多样性的间接价值其实可以概括为生态价值。生物多样性不仅能够为整个生态系统提供必要的物质基础，同时对于维护整个生态系统的平衡和稳定也具有重要的意义。而生态系统的平衡和稳定发展不仅关系到所有物种之间的交流和变化，最重要的是其对于生态环境的保护，包括对气候的调节、对水源的涵养、对土地的保护以及对各种各样营养元素的储备。所以说生物多样性的间接价值不仅关系到目前我们所需的各种环境要素，更重要的是为了以后能够持续的发展。

3. 潜在价值

潜在价值是指生物资源可以为人类提供许多尚未发现的服务，潜在价值是不可估量的。地球已经存在了数亿年，地球上的生物物种种类繁多，人们所熟知的也只是少数。目前依然存在许多未知的物种，还有许多已知的物种的价值也没完全开发，这些都具有巨大的潜在价值。例如，目前没有任何拥有直接价值的某种植物将来可能成为人类食物的主要来源。根据目前人类科学已经掌握的情况来看，物种一旦消失就无法再生，其所具有的无论是直接还是间接价值就都消失了，更遑论潜在价值了。生物多样性的潜在价值实质上是一种机会价值，物种的存在一定有其存在的意义，尽管目前有些物种的价值尚未被挖掘，可是该物种如果不存在了，人类就彻底地失去了能够利用该物种的机会。因此，对于目前尚不清楚其潜在价值的物种，也应当珍惜和保护，以维持其遗传资源。

二、生物多样性的困境

地球上的众多的生物是自然界长达数十亿年演化的结果。在长期演化过程中，始终存在着物种灭绝的现象。虽然物种灭绝作为一种自然现象总归要发生，但是人类活动极大地加速了物种灭绝的速度。

2020 年 9 月，联合国秘书长古特雷斯（Antonio Guterres）在生物多样性峰会上表示，由于过度捕捞、破坏性做法和气候变化，导致世界上 60% 以上的珊瑚礁濒临灭绝。过度消费、人口增长和集约农业，导致野生动物数量急剧下降。物种灭绝的速度正在加快，目前有 100 万物种受到威胁或濒临灭绝。据世界自然基金会发布的《地球生命力报告 2020》报告显示，从 1970 年到 2016 年期间，监测到的哺乳类、鸟类、两栖类、爬行类和鱼类种群规模平均下降了 68%。

在全球范围内，拥有全球最大热带森林的拉丁美洲生物多样性丧失最为明显，40 年间物种丰富度下降 94%，是全球最严重地区。而土地和海洋利用的变化，包括栖息地的丧失和退化是生物多样性面临的最大的威胁。以拉丁美洲为例，亚马孙热带森林是地球生物多样性最丰富的生态系中之一，有超过 300 万物种都生活在雨林，有超过 2 500 个树种（约占地球所有热带树木的 1/3）共同维持着这个充满活力的生态系统。但同样在这个雨林，物种灭绝速度也前所未见。据联合国估计，有 100 万个物种正处于灭绝状态。仅从 2018 年 8 月到 2019 年 7 月，亚马孙地区就损失了超过 9 842 平方公里的森林，森林砍伐率达到十年最高峰。人类强占土地和扩张工农业用地，对草原、雨林、湿地过度开发，是导致该地区物种减少最主要原因。

而与海洋、森林相比，淡水生物多样性的丧失速度更快。据《地球生命力指数 2020》显示，从 1700 年以来，地球上近 90% 的湿地已经消失，给淡水生物多样性带来深远影响。纳入地球生命力指数（LPI）评估的 944 个淡水物种，3 741 个种群，其数量平均下降了 84%。在这些淡水生物中，体型较大的物种更容易受到威胁，像一些重量超过 30 kg 的鲟鱼、长江江豚、水獭等生物，因为人类过度开发导致种群数量急剧下降。2000—2015 年，湄公河中 78% 的物种捕获量均有所下滑，且中大型物种的下滑更为明显。

虽然人类正在努力缓解气候变化，但全球气温升高、海平面上升、极端天气已经给物种多样性造成了影响。生态、物种进化是非常缓慢的，若气候变化非常剧烈，生物进化无法适应这个速度，物种灭绝风险只能“被迫”加速。珊瑚礁就是最明显的例证。澳大利亚学者克里斯托弗·科恩沃尔（Christopher Cornwall）在《美国科学院院报》发表一项研究，分析了世界各地 183 处珊瑚礁数据发现，在最坏的情况下，94% 的珊瑚礁将在 2050 年之前死亡。

《地球生命力报告 2020》指出，目前全球陆地生物多样性已经岌岌可危，全球平均生物多样性完整性指数只有 79%，远低于安全下限值 90%，并且仍在不断下滑。

生态词典

国际生物多样性日：国际生物多样性日是鉴于公共教育和增强民众生态意识对在各层

面执行《生物多样性公约》的重要性，联合国大会于 2000 年 12 月 20 日通过了第 55/201 号决议，宣布每年 5 月 22 日，即《生物多样性公约》通过之日为国际生物多样性日。

历届国际生物多样性日的主题如下：

2002 年：专注于森林生物多样性

2003 年：生物多样性和减贫——可持续发展面临的挑战

2004 年：生物多样性——全人类的食物、水和健康

2005 年：生物多样性——不断变化之世界的生命保障

2006 年：旱地生物多样性保护

2007 年：生物多样性和气候变化

2008 年：生物多样性与农业

2009 年：外来入侵物种

2010 年：生物多样性、发展和减贫

2011 年：森林生物多样性

2012 年：海洋生物多样性

2013 年：水和生物多样性

2014 年：岛屿生物多样性

2015 年：生物多样性助推可持续发展

2016 年：生物多样性主流化，可持续的人类生计

2017 年：生物多样性与旅游可持续发展

2018 年：纪念生物多样性保护行动 25 周年

2019 年：我们的生物多样性，我们的粮食，我们的健康

2020 年：答案在自然

2021 年：我们是自然问题的解决方案

2022 年：为所有生命构建共同的未来

（资料来源：http://baike.baidu.com/item/ 国际生物多样性日 /542636 ？ fr=aladdin）

第二章 走进生态文明

本章导读

生态文明是人类社会与自然界和谐共处、良性互动、持续发展的一种高级形态的文明境界，是人类文明发展到一定阶段的必然产物。作为人类文明的一种高级形态，生态文明将指导和引领人类在社会生活的各个方面做出更益于生态环境改善的新改变。生态文明的崛起是一场涉及生产方式、生活方式和价值观念的世界性革命，是不可逆转的世界潮流，是人类社会继农业文明、工业文明后进行的一次新选择。

大学生即将步入社会正轨，从学校人向职业人转变，既需要培养社会需要的发展能力，也需要不断地提升自己可持续发展的动力。在生态文明建设这一伟大进程中，更应是面向未来的生态文明接班人和建设者。

学习目标

★知识目标

1. 了解生态文明的概念和特征。
2. 熟悉生态文明的历史进程。
3. 熟悉中国生态文明建设的内容。

★技能目标

1. 在社会实践和个人生活中践行生态文明理念。
2. 掌握生态文明技能。

★思政目标

1. 提高生态文明意识。
2. 增强生态文明情感。
3. 承担生态文明建设的责任和义务。

学习重点

在熟悉生态文明主要内容的基础上，牢固掌握中国生态文明建设的内容，在社会实践与个人生活中践行生态文明理念，掌握生态文明技能，养成生态文明习惯，做到知行合一。

第一节 生态文明的概念

扫一扫 学一学

“生态”一词源于古希腊，意思是指家或我们生存发展的环境。一般来讲，生态就是一切生物的生存、生活状态，即在一定的生长环境下，生物为了生存与发展，相互间关联、依存的状态，它按照自在自为、客观存在的发展规律存在并延续至今。人类作为自然发展的产物，也是生物圈的自然组成部分，不过，人的生理能力与自然界中其他动物相比非常弱小。例如，猎豹奔跑的速度、狗嗅觉的灵敏度、蝙蝠的超声波定位……为了生存与繁衍，人类以群居方式生活，以自身的劳动发展自己，逐渐形成人类特有的思维能力与主观能动性，并通过发展思维与主观能动性，提升自己的行为能力，使人类逐渐走上当前世界生物金字塔的最顶层。

一般认为，“文明”有两层含义：第一层含义是指人的教养和开化状态，即人类思想品德和情操修养的进步，是精神方面的文明；第二层含义是指社会的进步状态，包括物质与文化的增长，以及由此产生的各种制度建设，包含了物质方面的文明和精神方面的文明。文明是使人类脱离野蛮状态的所有社会行为和自然行为构成的集合，包括了以下要素：家族观念、工具、语言、文字、信仰、宗教观念、法律、城邦和国家等。从一定角度看，文明是反映人类社会发展程度的概念，它反映了一个国家或民族的经济、社会和文化的发展水平与整体面貌。

生态文明将生态与文明词义融合形成的新的词语，其含义可以从广义和狭义两个角度来理解。从广义角度来看，生态文明是人类社会继原始文明、农业文明、工业文明后的新型文明形态。它以人与自然协调发展作为行为准则，建立健康有序的生态机制，实现经济、社会、自然环境的可持续发展。这种文明形态表现在物质、精神、政治等各个领域，体现人类取得的物质、精神、制度成果的总和。从狭义角度来看，生态文明是与物质文明、政治文明和精神文明相并列的现实文明形式之一，着重强调人类在处理与自然关系时所达到的文明程度。

生态词典

生态系统：生态系统是包括特定地段中的全部生物和物理环境的统一体，是一定空间内生物和非生物成分通过物质的循环、能量的流动和信息的交换而相互作用、相互依存所构成的一个生态学功能单位，其功能特点是生物生产、能量流动、物质循环和信息传递。

生态系统实际上就是一定地域或空间内生存的所有生物和环境相互作用的、具有能量转换、物质循环代谢和信息传递功能的统一体。例如，森林是一个具有统一功能的综合体。在森林中，有乔木、灌木、草本植物、地被植物，还有多种多样的动物和微生物，加上阳光、空气、温度等自然条件。它们之间相互作用，是一个实实在在的生态系统，草原、湖泊、农田等都是这样。

生态文明是在人类历史发展过程中形成的人与人、人与社会、人与自然、人与其他生命，和谐统一、可持续发展的文化成果的总和，是人与自然交流融通的状态。它不仅说明人类应该用更为文明而非野蛮的方式来对待大自然，而且在生产方式、生活方式、社会结构、文化价值观上都体现出一种人与自然关系的崭新视角。

在生态文明的理念中，重建人与自然的和谐关系，需要人们达成人与自然和谐共生的普遍共识。人因自然而生，人与自然是一种共生关系，对自然的伤害最终会伤及人类自身。在科技高度发达的时代，我们必须保持对自然的敬畏之心，在尊重自然和顺应自然中利用自然和保护自然。

第二节　生态文明的历史进程

人类和生态之间的关系，并不仅仅是当今时代研究的课题。从古至今，人类与生态之间一直在不断地相互作用、相互调节。随着人类文明发展和生产方式的变化，人类社会依次经历了原始文明、农业文明、工业文明和生态文明。生态文明的出现有其历史必然性。

扫一扫 学一学

一、原始文明——敬畏自然

原始文明是人类文明史上历时最长的文明，大致为时 170 万~200 万年，这一阶段大约发生在石器时代。在这一时期，生产力水平极其低下，人类只能通过采集野果、狩猎动物等方式获取生活资料，这种原始的获取生活资料的方式也是对生态系统损害最小的。在整个原始文明阶段，由于人口数量少，再加上生产力水平低下，人们只能借助粗陋的石器为生产工具进行物质生产活动，相对地球数千亿吨计的净植物生产力而言，人类的“消费”量简直可以忽略不计。直至原始农业出现，所造成的些许的生态破坏，会在地球生物圈的强大自我调节、自我修复中达到生态平衡。这一阶段是人类认识自然、缓慢适应自然的过程，人与自然的关系是人受制于自然，寄生于自然。

二、农业文明——依赖自然

自一万年前，最近一个冰川期结束后，地球进入了一个崭新的时代，人类告别了原始社会，进入了农业文明时代。

农业文明时代，以农耕和畜牧活动为主的生产方式给人类社会带来了重大转折，人类社会朝着农业生产、定居生活、社会分工的方向发展。农业文明带来的最大变化，就是人口猛增和人类定居生活。在比较适合人类生存的地区，大量的森林变成了农田，地表植被遭到破坏，生物多样性减少，地球生物圈的面貌发生了改变。

人类为了满足越来越多的自我需求，不断地过度放牧和耕种，造成了生态环境的恶化，森林锐减、草地退化、湿地减少、土地荒漠化、水土流失、自然灾害加剧。农业的诞生与发展带来了黄色的河水、黄色的天空，形成了“黄色”的农业文明。

三、工业文明——征服自然

随着生产力发展，在18世纪，以蒸汽机的发明和应用为标志爆发了第一次工业革命，从此人类进入了工业文明时代。在这一阶段，人类对待自然的基本态度是征服自然与统治自然。

扫一扫 学一学

在整个工业文明时代，伴随着大机器的使用、城市的发展、便捷的交通和人口的激增等，科学技术有了长足发展，创造出巨量的社会财富。但在给人类带来物质享受的同时，也对生态环境造成了前所未有的破坏：土地侵蚀、水土流失、土地荒漠化；森林锐减、洪水泛滥、干旱不断；淡水资源严重短缺；化学灾害不断、酸雨沉降、气候恶化、温室效应；部分生物灭绝；等等。

知识链接

河流之殇：莱茵河污染事件

莱茵河是西欧最大的河流，流经多个国家，全长1 320千米，流域面积22万平方千米。莱茵河作为世界内河航运最繁忙、最发达的航道之一，其主流拥有众多世界知名的工业基地，对沿岸国家经济可持续发展具有重要作用。然而，二战结束后，随着工业的快速发展、城市化的快速扩张和环境管理的滞后，莱茵河逐渐出现了水污染、生态恶化等问题，严重威胁着人们的身体健康，一度被称为“欧洲下水道”。之后，莱茵河流域各国突然醒悟，协调治理莱茵河流域。经过近 20 年的努力，直到 20 世纪 70 年代末，莱茵河逐渐清澈，鱼虾水草重现。然而，1986 年 11 月 1 日，瑞士莱茵河发生了一场火灾，使美丽的莱茵河再次遭受前所未有的污染。

1986 年 11 月 1 日夜，位于莱茵河畔的瑞士三大化工集团之一的桑多士公司，其所属的一座大型仓库起火，库存的 500 吨化学农药、300 吨化工原料，以及 15 吨化学添加剂被焚毁。大火持续了 4 个多小时，天空笼罩着含有大量硫、氮、亚磷酸和对人体有害的氧化物的浓烟。消防用水共将 1 246 吨农药、除草剂、消毒剂、有机汞的各种化学物质冲入莱茵河，形成有毒物质。第二天，化工厂用塑料堵住了下水道。但 8 天后，塞子在水压作用下脱落，数十吨有毒物质流入莱茵河，再次造成污染。祸不单行。11 月 21 日，德国巴登苯胺和苏打化工公司的冷却系统出现故障，导致 2 吨农药流入莱茵河，使河水中的有毒物质含量超标 200 倍。

此次意外火灾最直接的影响是大范围的区域性空气污染和严重的局部土壤污染。约 160 公里范围内大部分鱼类死亡，生物物种灭绝，河流生态系统瘫痪，莱茵河生态遭到严重破坏。同时，约 480 公里范围内的井水被污染，无法饮用。瑞士、德国、法国、荷兰沿河的自来水厂全部关闭，居民由汽车定量供水。由于莱茵河在德国境内长达 865 公里，是德国境内最重要的河流，所以德国损失最大。这起事故导致德国数十年来投入治理莱茵河的 210 亿美元付诸东流。

（资料来源：http://baike.baidu.com/item/莱茵河污染事件/8600366 ？ fr=aladdin）

四、生态文明——回归自然

在沉重的生态危机面前，人们日益明白，农业文明和工业文明破坏了地球原本的绿色，终究会使人类走上“穷途末路”。面对这一危机，人们开始了深刻的反思，面对大自然疯狂的报复，以及日益不堪重负的地球，人们开始呼唤绿色，重建绿色，选择了一条与自然和解的道路，绿色的生态文明成为人类文明的新转向。之后，世界各地的人们在追求绿色生态文明的道路上奋发前进。

1970 年 4 月 22 日的“世界地球日”活动，是人类有史以来开展的第一次规模宏大的群众性环境保护运动。作为人类现代环保运动的开端，它推动了西方国家环境法规的建立，还在一定程度上促成了 1972 年联合国第一次人类环境会议的召开，有力地推动了世界环境保护事业的发展。

1972 年 6 月 5 日至 16 日，联合国在瑞典斯德哥尔摩召开了“第一届联合国人类环境会议”，这是人类历史上第一次在全世界范围内研究保护人类环境的会议，出席会议的国家有 113 个，共 1 300 多名代表。该会议提出了著名的《联合国人类环境会议宣言》（简称《人类环境宣言》），成为世界各国政府对环境保护事业引起重视的开端。

1972 年 10 月，第 27 届联合国大会通过了联合国人类环境会议的决议，规定每年的 6 月 5 日为“世界环境日”，并提倡各国政府在每年的这一天开展环保活动，以此提醒全世界注意全球环境状况和人类活动对环境的危害，强调保护和改善人类环境的重要性。

1987 年，世界环境与发展委员会发表了题为《我们共同的未来》的报告，其分为“共同的关切”“共同的挑战”“共同的努力”三大部分。报告以“持续发展”为基本纲领，集中分析了全球人口、粮食、物种和遗传资源、能源、工业、人类居住等方面的情况，系统探讨了人类面临的一系列重大经济、社会和环境问题，并提出了处理这些问题的具体的和现实的行动建议。

1992 年 6 月 3 日至 14 日，联合国环境与发展大会在巴西里约热内卢举行。参加会议的有 108 位国家元首或政府首脑、172 国的代表和 1 400 个非政府组织代表，此次会议对人类的可持续发展具有里程碑意义。大会表明全球否定了“高生产、高消费、高污染”的传统发展模式，对发展中的环境问题认识空前提高。此次大会的召开，使环境保护与经济发展密不可分的道理被广泛接受，“可持续发展”这一概念深入人心。

生态词典

联合国政府间气候变化专门委员会（IPCC）：IPCC 是世界气象组织（WMO）和联合国环境规划署（UNEP）于 1988 年联合建立的政府间机构，目前共有 195 名成员。其主要任务是为应对气候变化带来的挑战，对气候变化科学知识的现状，气候变化对社会、经济的潜在影响，以及如何适应和减缓气候变化的可能对策进行评估。IPCC 通过发布一系列报告，在气候治理的关键节点上，从科学基础上支撑了国际气候治理进程。

1990 年，IPCC 发布第一次评估报告。报告确认了有关气候变化问题的科学基础，促使联合国大会做出制定《联合国气候变化框架公约》的决定。

1995 年，IPCC 发布第二次评估报告，并提交给《联合国气候变化框架公约》第二次缔约方大会，为会议谈判做出了贡献。

2001 年，IPCC 发布第三次评估报告，包括 3 个工作组的有关“科学基础”“影响、适应性和脆弱性”“减缓”的报告，以及侧重于各种与政策有关的科学与技术问题的综合报告。

2007 年，IPCC 发布第四次评估报告。由于气候变化的明显表现，该报告在世界范围内引起了极大反响。

2014 年，IPCC 发布第五次评估报告。其中的综合报告指出，人类对气候系统的影响是明确的，而且这种影响在不断增强。如果任其发展，气候变化将会增强对人类和生态系统造成严重、普遍和不可逆转的影响的可能性。而实施严格的减缓活动可确保将气候变化的影响保持在可管理的范围内，从而创造更加美好、可持续的未来。

目前，IPCC 正处于第六个评估周期，并分别于 2018 年 10 月、2019 年 8 月和 9 月、2021 年 8 月发布《全球升温 1.5 摄氏度特别报告》《气候变化与土地特别报告》《气候变化中的海洋和冰冻圈特别报告》，以及第六次评估周期第一工作组报告《气候变化 2021：自然科学基础》、第二工作组报告《气候变化 2022：影响、适应和脆弱性》、第三工作组报告

《气候变化 2022：减缓气候变化》。

生态文明是人类文明史上的一次革命性进步，是对农耕文明、工业文明的继承与超越，是人类文明质的提升和飞跃，是人类文明史上的新里程碑。生态文明不只是关乎生态环境领域的一项重大研究课题，而是涉及人与自然、人与人、人与社会、经济与环境的关系协调、协同进化、达到良性循环的理论理性和实践理性，是人类社会跨入一个新时代的标志。走生态文明之路，已是当前世界发展的大趋势。

（资料来源：http://baike.baidu.com/item/联合国政府间气候变化专门委员会/9798944？fr=aladdin）

知识链接

“花园城市”新加坡——低碳立法先行

20 世纪 70 年代，新加坡也曾面临严重的大气污染问题，但政府立法先行，秉承“环保优先”的理念，采取城市规划、市场运作、控制机动车污染排放、信息公开、环保教育等一系列措施，至 20 世纪 90 年代，终于使国家经济和环境形成了良性循环的发展模式，建成了环境优美的花园城市。

（一）立法先行

新加坡政府实施环境保护工作是立法先行。从 20 世纪 60 年代开始，新加坡政府先后制定了一系列环境保护的条例和标准，并不断完善，以控制工业污染。例如，从 1980 年起，发电厂、炼油厂等主要空气污染源只准使用硫含量不超过 2% 的液态油发电。对于排放空气污染物的工业企业，要求其必须安装特别设备以确保排放的气体符合国家标准。新加坡政府立法保护环境，在理念上并无特别之处，在结构上也是宏观的法律辅以具体的法规，但其最大优点是法律法规条文内容详尽、权责清晰、处罚透明，具有极强的可操作性。

在执法方面，新加坡政府实行的是预防、执法、监督、教育为一体的系统模式。从规划管制入手，在土地规划、工业项目的选址、发展与建筑等方面实行管制，对环境基础设施的建设进行系统化的管理，严格执法，定期监测地面空气质量，监控道路上排放污染气体的车辆，评估管制措施的效率。

新加坡政府的执法严格程度举世闻名，如对于信手涂鸦等恶意破坏环境的行为，甚至规定了严酷的鞭刑。对于一些破坏公共环境者，法律规定让他们穿上印有“垃圾虫”字样的黄色夹克去扫马路，使受罚者产生畏惧心理，降低了再犯可能性。

（二）环保优先

新加坡作为一个城市国家，合理的城市规划是其防治大气污染的重要手段。这对我国大气污染严重的城市极具借鉴意义。新加坡的规划体系包括概念规划、总体规划、城市设计等方面。其中总体规划为法定文件，需经政府制定和国会批准，规划期为 10~15 年，每 5 年调整一次。在规划编制过程中，新加坡政府要求按照“可持续新加坡”目标的要求，充分体现“环保优先”的理念，把全国分为若干个区，优先规划绿地和集水区，以生态建

设和水资源保护为龙头，最小化经济发展对环境的破坏。

新加坡对国土的每个具体区域均进行了环境功能区划，颁布了详细的环境质量标准体系，并对工业类项目设立了严格的排放标准。政府要求工业发展规划必须同环境规划紧密衔接，必须发展集约型工业，建立独立的工业区，并与住宅区之间设立足够的缓冲带，同时利用缓冲带提高绿化率。工业区应在下风向并远离原有的生态系统，由于新加坡主导风向是东北风，因此其工业区基本规划在西南区域。

（三）市场运作

有效的政企合作和市场化运作模式是保证新加坡良好空气质量的重要手段。新加坡的环境建设和保护工作由政府统一组织、统一规划、统一实施，但在实施过程中，是通过公共机构和私人企业界紧密合作、优势互补、互利互赢来实现的。由政府提供新的环境基础设施，私人企业界提供服务是当前较为普遍的做法。

（四）减少排放

机动车排放的污染气体是城市污染的重要来源，因而新加坡特别重视减少机动车的污染排放。采取的措施主要有推广环保车、制定气体排放标准及燃油质量标准、加强机动车维修保养、旧车强制检查等。虽然新加坡的空气质量已达到国际标准，黑烟问题也逐步改善，但空气中的两大污染体二氧化硫及悬浮颗粒都有增加的趋势。为此，新加坡政府大力推广环保车，同时利用天然气来发电，例如，在新加坡大士南建造两座高效能天然气发电厂。燃油质量标准由生态环境部制定，1999 年新加坡完全禁止使用含铅汽油，禁止任何车辆在行驶过程中排放可见气体或烟雾。与此同时，法律特别要求机动车的所有者执行各项措施，确保每辆车遵守制定的标准，包括实行常规保养与维修，并保持完整、准确的记录。

为确保车辆的良好状态，新加坡于 1981 年就建立了旧车强制检查制度，所有车辆在 3 年使用期满之前必须到指定的检测中心接受检查，此后的检测频率依车辆类型而定。检测中心对车辆的检测要确保每一部分都能正常运行，同时还要检验气体排放水平。通过检测的车辆予以颁发执照，并依此支付道路使用税。未通过检测的车辆则不能上路行驶。良好的保养维护意味着减少污染及因机械失灵而引起的交通事故。

（五）信息公开

信息公开对于公众参与环境保护、监督政府履行环保职责具有重要意义。由于化工产业和柴油车辆导致二氧化硫和PM2.5 浓度超标，新加坡政府逐步收紧车辆和燃油的排放标准，国家环境局从 2012 年 8 月 24 日起，每天 3 次公布PM2.5 浓度。新加坡也是东南亚首个每天公布PM2.5 浓度的国家。

（资料来源：编者根据网络资源整理改写）

第三节　中国生态文明建设

扫一扫 学一学

生态文明建设是关系中华民族永续发展的千年大计。党的十八大以来，以习近平同志为核心的党中央把生态文明建设作为统筹推进“五位一体”总体布局和协调推进“四个全面”战略布局的重要内容，开展一系列根本性、开创性、长远性工作，加快推进生态文明顶层设计和制度体系建设，推动生态环境保护发生历史性、转折性、全局性变化。《中国共产党章程》在总纲中强调指出，中国共产党领导人民建设社会主义生态文明。树立尊重自然、顺应自然、保护自然的生态文明理念，增强绿水青山就是金山银山的意识，坚持节约资源和保护环境的基本国策，坚持节约优先、保护优先、自然恢复为主的方针，坚持生产发展、生活富裕、生态良好的文明发展道路。着力建设资源节约型、环境友好型社会，实行最严格的生态环境保护制度，形成节约资源和保护环境的空间格局、产业结构、生产方式、生活方式，为人民创造良好生产生活环境，实现中华民族永续发展。党的二十大报告指出，大自然是人类赖以生存发展的基本条件。“尊重自然、顺应自然、保护自然，是全面建设社会主义现代化国家的内在要求。必须牢固树立和践行绿水青山就是金山银山的理念，站在人与自然和谐共生的高度谋划发展。”“推进美丽中国建设，坚持山水林田湖草沙一体化保护和系统治理，统筹产业结构调整、污染治理、生态保护、应对气候变化，协同推进降碳、减污、扩绿、增长，推进生态优先、节约集约、绿色低碳发展。”

一、打赢污染防治攻坚战

2018 年 6 月 16 日，中共中央、国务院印发《关于全面加强生态环境保护 坚决打好污染防治攻坚战的意见》，提出坚决打赢蓝天保卫战，着力打好碧水保卫战，扎实推进净土保卫战，并确定了三大保卫战具体指标。2021 年 11 月 7 日，《中共中央 国务院关于深入打好污染防治攻坚战的意见》发布，在加快推动绿色低碳发展，深入打好蓝天、碧水、净土保卫战等方面做出具体部署，明确提出，到 2025 年，生态环境持续改善，重污染天气、城市黑臭水体基本消除，土壤污染风险得到有效管控。到 2035 年，广泛形成绿色生产生活方式，碳排放达峰后稳中有降，生态环境根本好转，美丽中国建设目标基本实现。

（一）深入打好蓝天保卫战

（1）着力打好重污染天气消除攻坚战。聚焦秋冬季细颗粒物污染，加大重点区域、重点行业结构调整和污染治理力度。京津冀及周边地区、汾渭平原持续开展秋冬季大气污染综合治理专项行动。东北地区加强秸秆禁烧管控和采暖燃煤污染治理。科学调整大气污染防治重点区域范围，构建省市县三级重污染天气应急预案体系，实施重点行业企业绩效分级管理，依法严厉打击不落实应急减排措施行为。

（2）着力打好臭氧污染防治攻坚战。聚焦夏秋季臭氧污染，大力推进挥发性有机物和氮氧化物协同减排。以石化、化工、涂装、医药、包装印刷、油品储运销等行业领域为重点，安全

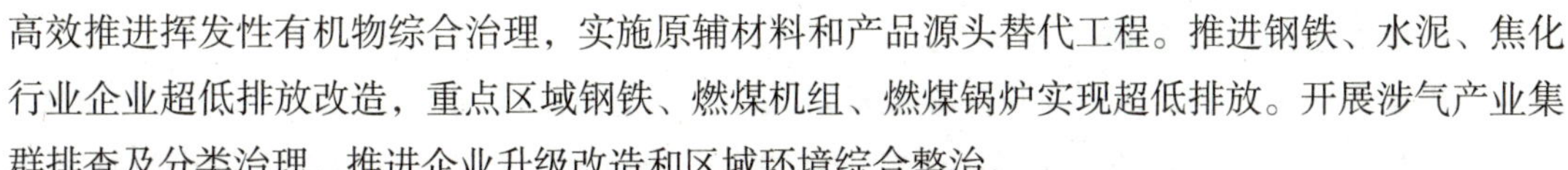

高效推进挥发性有机物综合治理，实施原辅材料和产品源头替代工程。推进钢铁、水泥、焦化行业企业超低排放改造，重点区域钢铁、燃煤机组、燃煤锅炉实现超低排放。开展涉气产业集群排查及分类治理，推进企业升级改造和区域环境综合整治。

（3）持续打好柴油货车污染治理攻坚战。深入实施清洁柴油车（机）行动，全国基本淘汰国三及以下排放标准汽车，推动氢燃料电池汽车示范应用，有序推广清洁能源汽车。进一步推进大中城市公共交通、公务用车电动化进程。实施更加严格的车用汽油质量标准。加快大宗货物和中长途货物运输“公转铁”“公转水”，大力发展公铁、铁水等多式联运。

（4）加强大气面源和噪声污染治理。强化施工、道路、堆场、裸露地面等扬尘管控，加强城市保洁和清扫。加大餐饮油烟污染、恶臭异味治理力度。强化秸秆综合利用和禁烧管控。深化消耗臭氧层物质和氢氟碳化物环境管理。实施噪声污染防治行动，加快解决群众关心的突出噪声问题。

知识链接

奋进新征程，建功新时代：坚决打赢蓝天保卫战

党的十八大以来，习近平总书记多次就打赢蓝天保卫战做出指示。作为我国生态环境治理的关键战役，从产业结构调整到清洁能源替代，从秋冬季大气污染防控到区域联防联控，蓝天保卫战全面发力，全国空气质量明显改善，百姓获得感不断增强。

一场没有退路的阻击战

PM2.5，在 2013 年成为全国最受关注的环境和健康问题。那一年新年刚过，多地空气质量数据纷纷爆表，我国东部平均雾霾天数创下新中国成立以来之最。解除人民群众的心肺之患，向雾霾宣战，打赢蓝天保卫战，成为一场没有退路的阻击战。

2013 年，“大气十条”——《大气污染防治行动计划》由中华人民共和国国务院印发。我国成为全球第一个大规模开展PM2.5 治理的发展中国家。随后，原中华人民共和国环境保护部与 31 个省份签署大气污染防治目标责任书，各地立下保卫蓝天的“军令状”。

2018 年，在《打赢蓝天保卫战三年行动计划》部署下，大气污染防治接续攻坚。实施重点行业超低排放改造，开展北方地区冬季清洁取暖散煤替代，连续 5 年推进秋冬季攻坚行动，加快调整不合理的产业结构、能源结构、运输结构……坚持不懈的治污攻坚换来了天空“颜值”持续提升。

从 2013 年开始，北京市民邹某坚持每天以照片形式记录北京的空气质量。几年来，邹某记录的北京蓝天一年比一年多起来。过去被京津冀百姓视为“奢侈品”的蓝天白云，如今成了微信朋友圈里的“常客”。

成都市民骄傲地说，坐在家里，透过窗户可以看到百里之外的西岭雪山，感受唐代诗人杜甫笔下“窗含西岭千秋雪，门泊东吴万里船”的意境。2021 年，成都空气质量优良天数达 299 天，为近 10 年来最好水平，能够遥望雪山的天数也达到 70 天左右。

一场负重前行的攻坚战

中国工程院院士、生态环境部环境规划院院长王金南指出，我国仅用7年左右时间就走过了发达国家十几年甚至30年的空气治理进程。他认为，在成功治理空气污染的同时，我国还创造了最大发展中国家在经济社会快速发展的同时有效保护生态环境的成功实践。

我国北方最大的人造板生产基地河北省廊坊市文安县曾一度在左各庄等3个乡镇开办了7 000多家大大小小的企业和摊点。每日进出的货运车辆不下5万辆，5 000多家原料企业排放粉尘，上千台燃煤锅炉浓烟滚滚。

在“散乱污”企业治理的疾风骤雨中，文安县壮士断腕，关停6 800多家“散乱污”企业和摊点，拆除1 529台锅炉，当地群众告别了“灰头土脸”。文安县在阵痛中走上了产业转型升级的新路，治理后的人造板行业提高了产业集中度，实现了转型不失速、发展有质量，经济效益逐年提升。

清除大气中的雾霾，先要清除头脑里的“雾霾”，这是比经济转型更难的攻坚。要想破除“唯GDP论”的政绩观，“发展经济和治理污染是跷跷板两头”的发展观，环保“一刀切”的懒政、怠政、庸政，必须来一场思想上的自我革命！考核问责、公开约谈、专项督察……环环相扣的政策约束，让大气污染治理的各项举措落地见效。

这不仅是一场生态保卫战，也是一场发展方式的攻坚战。向重点行业深度治理发力，“十三五”期间，燃煤电厂超低排放改造累计达9.5亿千瓦，钢铁行业超低排放改造产能6.2亿吨；向能源结构调整优化发力，2017年至2020年，全国煤炭消费比重由60.4%降至57%左右；向交通运输结构调整发力，2015年底至2020年底，全国淘汰老旧机动车超过1 400万辆，新能源车保有量492万辆，新能源公交车占比从20%提升到60%以上。2020年全国铁路货运量较2017年增长20%以上。

这不仅是一场全民“马拉松”，也是科学家们的“障碍赛”。2017年，有关雾霾的形成机理与治理成为总理基金项目。2 000多名科技工作者为此奋战3年，在京津冀及周边地区2+26个城市、汾渭平原11个城市驻点研究，基本弄清了京津冀及周边地区秋冬季以$PM_{2.5}$为特征的大气重污染成因。从摸清重污染天气的成因到准确预报重污染天气过程，从建立健全国家大气环境质量监测网络到区域联防联控机制建设，大气污染防治的每一步都伴随着环境治理能力的跃升。

一场力度不减的持久战

“十四五”期间，我国生态文明建设进入以降碳为重点战略方向、推动减污降碳协同增效、促进经济社会发展全面绿色转型、实现生态环境质量改善由量变到质变的关键时期。统筹大气污染防治与温室气体减排，成为蓝天保卫战的主旋律。

2022年，大气污染防治资金预算总计207亿元，与2021年的125亿元相比增加82亿元，增幅为65.6%。这些资金将用于支持开展减污降碳等相关工作，主要包括支持北方地区冬季清洁取暖、工业污染深度治理、能力建设等重点工作，推动产业结构、能源结构不断优化调整，促进全国环境空气质量持续改善。

“$PM_{2.5}$浓度仍然处在高位，我们离世界卫生组织标准还有相当大的差距。”中华人民共和国生态环境部大气环境司副司长、一级巡视员吴险峰说，“重污染天气还是会经常出现，特别是在秋冬季，在重点区域，重污染天气不光影响大家的感观，更重要的是对老百姓身体健康有很大的影响。一些地区特别是重点地区臭氧浓度在夏季还有缓慢升高的趋势。”

打好重污染天气歼灭战是下一步工作的重点。“我们要力争通过几年的努力，把重污染天数的比例降到1%以内。”吴险峰说，要坚持标本兼治，除了结构性的产业、能源、运输、用地等调整优化，还要有治标措施。结合空气质量预报，及时启动一些重污染应急联防联控措施，坚定不移削减污染物排放。

重点推进臭氧污染防治、柴油货车污染治理等。有效控制细颗粒物和臭氧污染，持续提升空气质量，在重点区域、重要领域、关键指标上实现新突破。

虽然我国大气环境质量目前稳中向好，但要推进空气质量持续改善还面临许多困难和挑战。生态环境部表示，下一步将咬定青山不放松，编制实施好空气质量全面改善行动计划，落实落细各项任务措施，推动空气质量持续改善。

（资料来源：曹红艳．坚决打赢蓝天保卫战．经济日报，2022年5月．整理改写）

（二）深入打好碧水保卫战

（1）持续打好城市黑臭水体治理攻坚战。统筹好上下游、左右岸、干支流、城市和乡村，系统推进城市黑臭水体治理。加强农业农村和工业企业污染防治，有效控制入河污染物排放。强化溯源整治，杜绝污水直接排入雨水管网。推进城镇污水管网全覆盖，对进水情况出现明显异常的污水处理厂，开展片区管网系统化整治。因地制宜开展水体内源污染治理和生态修复，增强河湖自净功能。充分发挥河长制、湖长制作用，巩固城市黑臭水体治理成效，建立防止返黑返臭的长效机制。

（2）持续打好长江保护修复攻坚战。推动长江全流域按单元精细化分区管控。狠抓突出生态环境问题整改，扎实推进城镇污水垃圾处理和工业、农业面源、船舶、尾矿库等污染治理工程。加强渝湘黔交界武陵山区“锰三角”污染综合整治。持续开展工业园区污染治理、“三磷”行业整治等专项行动。推进长江岸线生态修复，巩固小水电清理整改成果。实施好长江流域重点水域十年禁渔，有效恢复长江水生生物多样性。建立健全长江流域水生态环境考核评价制度并抓好组织实施。加强太湖、巢湖、滇池等重要湖泊蓝藻水华防控，开展河湖水生植被恢复、氮磷通量监测等试点。

（3）着力打好黄河生态保护治理攻坚战。全面落实以水定城、以水定地、以水定人、以水定产要求，实施深度节水控水行动，严控高耗水行业发展。维护上游水源涵养功能，推动以草定畜、定牧。加强中游水土流失治理，开展汾渭平原、河套灌区等农业面源污染治理。实施黄河三角洲湿地保护修复，强化黄河河口综合治理。加强沿黄河城镇污水处理设施及配套管网建设，开展黄河流域“清废行动”，基本完成尾矿库污染治理。

（4）巩固提升饮用水安全保障水平。加快推进城市水源地规范化建设，加强农村水源地保护。基本完成乡镇级水源保护区划定、立标并开展环境问题排查整治。保障南水北调等重大输水工程水质安全。

（5）着力打好重点海域综合治理攻坚战。巩固深化渤海综合治理成果，实施长江口—杭州湾、珠江口邻近海域污染防治行动。深入推进入海河流断面水质改善、沿岸直排海污染源整治、海水养殖环境治理，加强船舶港口、海洋垃圾等污染防治。推进重点海域生态系统保护修复，加强海洋伏季休渔监管执法。推进海洋环境风险排查整治和应急能力建设。

（6）强化陆域海域污染协同治理。持续开展入河入海排污口“查、测、溯、治”，到2025年，基本完成长江、黄河、渤海及赤水河等长江重要支流排污口整治。完善水污染防治流域协同机制，深化海河、辽河、淮河、松花江、珠江等重点流域综合治理，推进重要湖泊污染防治和生态修复。沿海城市加强固定污染源总氮排放控制和面源污染治理，实施入海河流总氮削减工程。建成一批具有全国示范价值的美丽河湖、美丽海湾。

 知识链接

盐田打造全市水环境治理标杆

“治水之路只有起点，没有终点。”广东省深圳市盐田区区委书记杜玲表示，在前期治水工作的基础上，盐田区将积极实施生态活水2.0版，引领文化兴水3.0版，进一步提升水生态品质，为打造水文化、水经济做出更多的有益探索，为全市治水工做继续做出新的更大贡献。

坚持久久为功：盐田河整治十年投入超亿元

漫步盐田河畔，碧水蓝天倒映着茂林修竹，3.5公里长的滨河生态公园风光优美，是周边居民流连忘返的休闲胜地。谁能想到，盐田河也曾是一条水体黑臭的劣V类河流。

“治水是一个系统工程，是一项长期工作，不可能一蹴而就。盐田也曾经经历过河流黑臭的时期。面对问题，区委区政府提早正视、提早谋划，持之以恒，坚持不懈推进治水工作，才实现了现在‘水清河绿’的环境。”盐田区环水局相关负责人说。

以盐田河为例，2005年至2007年，市区两级政府投资9 700万元，对河道进行污水截排、景观改造和防洪提升。整治后，盐田河两岸日污水截排量达1.9万吨以上，污水收集率达到95%，防洪标准提高到50年一遇，河水基本实现不黑不臭、逐步变清的目标，河流水质达到水功能区标准，生态环境有了根本好转，河道面貌焕然一新。

第一轮整治结束后，盐田区发现，后方陆域雨污混流严重，管网历史欠账多，必须进行源头上的雨污分流。盐田区随即全面开展后方陆域市政管网雨污分流和旧村、排水小区雨污分流工作，流域污染状况得到了有效控制。

2013年以来，盐田区又陆续投入3 600万元，进一步完善沿河污水截排，对河口避风塘进行彻底截流，对河道附属设施、绿化景观进行改造提升，并针对河床比降大、枯水期易断流问题，新建生态补水、蓄水设施，增设休闲广场。至2016年底，盐田河两岸67个排水口全部完成治理，日污水截排量近3万吨，旱季沿岸污水收集率达100%，河两岸形成了3.5公里的生态长廊、城市绿道和滨河公园，成为居民休闲娱乐、健身锻炼的好去处。

2017年，盐田河又全面完成了水景观提升二期工程，水生态环境进一步提升。同时，盐田区还结合盐田河临港产业带的规划，完成了盐田河整体的生态修复、景观提升方案研究，力图将盐田河打造成“城市地标级的生态河、市民爱休闲的幸福河、产城共发展的富裕河”。未来，盐田区将以盐田河临港产业带规划建设为契机，高标准打造盐田河两岸的水生态、水文化空间，建设更多亲水设施和景观。

注重标本兼治：从源头推进水环境治理

截污、清淤是治“标”，源头分流才是治“本”。盐田区委、区政府深刻认识到，治水必须推进源头治理。为此，盐田区坚持多年如一日，扎实推进雨污分流、正本清源工程和水污染源的综合整治工作，从源头上减少污染的发生。

在正本清源、雨污分流工程推进方面，盐田区在摸清排水小区底数的基础上，下发了全区的正本清源行动方案，明确目标责任和工作计划，成立工作领导小组统筹推进。环保、水务、城管、住建、规土、街道等部门协同作业，遇到问题，共同会商、协同解决。为争取社会公众支持与参与，盐田区组织区人大代表、政协委员开展现场视察，发动社会各界力量深入宣传，并及时向小区居民公示施工方案，做好安全文明施工提示。同时统筹协调燃气、电力、通讯、供水等部门，尽量可能进行协同施工，减少扰民。

盐田区环水局相关负责人介绍说，起初正本清源工程由区水务、工务、街道办等各单位分任务推进，后为提高效率调整为由区水务部门集中实施；在具体项目实施中，盐田区尝试使用工程总承包（EPC，Engineering Procurement Construction）模式，以进一步加快推进工程进度。

在工业污染源整治方面，盐田区严格工业企业环评审批，从源头杜绝重污染企业进驻，在项目审批阶段要求落实污染防治方案，减少污染的发生。同时，要求所有工业企业对100%生产废水进行处理，所有餐饮废水须经隔油池处理达标后接至城市污水管网。辖区工业污水处理率及达标率均为100%。

突出建管并重：以“河长制”为基石健全治水长效机制

水环境治理难，守护更难。要想实现水环境的“长治久安”，必须建立行之有效的长效运行机制。为保障治水责任落实，盐田区成立了区委书记、区长任双组长的生态文明建设领导小组，从“大生态”的角度建立了包括治水在内的各级生态文明建设责任体系，明确了工作职责、任务和目标。加大治水考核力度，连续5年对辖区37家党群机关、区直单位、街道办及6家驻盐单位进行生态文明建设专项考核，将正本清源、治水提质工作作为考核的重要内容，并纳入年度绩效考核。去年，盐田区按照河长制要求，建立三级河长体系，向社会公布各级河长名单，进一步推动责任落实，做出治水目标承诺。

雨污水管网实施专业化运管，是长效治水的前提。据了解，盐田区市政雨污水管网（包括“三不管”管网）已100%由市水务集团进行运管，辖区约80公里城中村（旧村）排水管网，由区政府承担费用，也全部委托水务集团专业化运管。目前，盐田区正在研究物业小区排水管网专业化管理问题，探索统一委托管理的可行性。

在监督执法方面，盐田区建立了覆盖全区的环境监测监控信息系统，对辖区水环境、空气质量、噪声、重点污染源进行实时在线监测监控，并通过公众APP平台向公众开放，接受群众监督。同时，建立了街道、社区为主体的污染源日常巡查排查机制，由区环水局定期进行检查复核。发现问题，由区执法部门进行严格执法处理。对排水达标小区严格进行复检，夯实物业公司责任，发现问题责令物业公司整改。

治水和生态文明建设不仅仅是政府的事，更需要居民群众和社会各界的共同参与。为此，盐田区还出台了生态文明建设全民行动计划，并以“碳币”体系为载体，号召、鼓励、激励辖区居民、家庭、社区、企事业单位、社会团体等社会各界全民参与水环境保护、生态文明建设，努力形成“人人参与、人人行动、人人享有”的治水和生态文明新格局。

（资料来源：深圳特区报，2018-01-18.）

（三）深入打好净土保卫战

（1）持续打好农业农村污染治理攻坚战。注重统筹规划、有效衔接，因地制宜推进农村厕所革命、生活污水治理、生活垃圾治理，基本消除较大面积的农村黑臭水体，改善农村人居环境。实施化肥农药减量增效行动和农膜回收行动。加强种养结合，整县推进畜禽粪污资源化利用。规范工厂化水产养殖尾水排污口设置，在水产养殖主产区推进养殖尾水治理。

（2）深入推进农用地土壤污染防治和安全利用。实施农用地土壤镉等重金属污染源头防治行动。依法推行农用地分类管理制度，强化受污染耕地安全利用和风险管控，受污染耕地集中的县级行政区开展污染溯源，因地制宜制定实施安全利用方案。在土壤污染面积较大的100个县级行政区推进农用地安全利用示范。严格落实粮食收购和销售出库质量安全检验制度和追溯制度。

（3）有效管控建设用地土壤污染风险。严格建设用地土壤污染风险管控和修复名录内地块的准入管理。未依法完成土壤污染状况调查和风险评估的地块，不得开工建设与风险管控和修复无关的项目。从严管控农药、化工等行业的重度污染地块规划用途，确需开发利用的，鼓励用于拓展生态空间。完成重点地区危险化学品生产企业搬迁改造，推进腾退地块风险管控和修复。

（4）稳步推进“无废城市”建设。健全“无废城市”建设相关制度、技术、市场、监管体系，推进城市固体废物精细化管理。“十四五”时期，推进100个左右地级及以上城市开展“无废城市”建设，鼓励有条件的省份全域推进“无废城市”建设。

（5）加强新污染物治理。制定实施新污染物治理行动方案。针对持久性有机污染物、内分泌干扰物等新污染物，实施调查监测和环境风险评估，建立健全有毒有害化学物质环境风险管理制度，强化源头准入，动态发布重点管控新污染物清单及其禁止、限制、限排等环境风险管控措施。

（6）强化地下水污染协同防治。持续开展地下水环境状况调查评估，划定地下水型饮用水水源补给区并强化保护措施，开展地下水污染防治重点区划定及污染风险管控。健全分级分类的地下水环境监测评价体系。实施水土环境风险协同防控。在地表水、地下水交互密切的典型地区开展污染综合防治试点。

知识链接

煤都巨变："煤海"变林海

支离破碎的山川变成了生态园林，荒芜塌陷的地表变成了复耕土地，破碎危险的棚户区搬迁到了新建楼房，地上栽起了树木、种起了庄稼，地下提高了水位、涌出了甘泉……

你能想象，这里以前是"平地有沙皆走石，荒边无树鸟无窝"的吗？

过去说起山西省太原市的西山，人们往往想到那个年产数千万吨煤炭的太原西山矿区，如今人们更多地会想到太原西山万亩生态园。

忧患就像煤炭一样深埋在地壳里，从被开采的那一刻开始，就与所谓的经济效益被一起挖空。

20 世纪 80 年代，这里还是一片荒草丛生、垃圾遍地的煤矿采空区，扬尘污水肆意横流，生态植被枯朽衰竭，山间小溪断流，连续多年成为影响太原市大气质量的主要污染源。

近些年，山西省政府实施了一系列有效措施，先是从 2006 年开始，投资 68 亿元，用 3 年时间对重点国有采煤沉陷区进行治理，对受损民房、学校、医院进行搬迁和维修加固，让 18 万户、60 余万受灾居民搬迁到了新建楼房。随后，实施煤矿资源整合，关闭了数千座小煤矿、小煤窑。

西山的华丽蜕变在这个大的背景下展开了。2008 年，太原市搬迁了涉及 6 个高污染行业的 71 家企业，关闭了 74 座 9 万吨以下小煤矿，以西山山脉为背景，打造沿山 7 条河渠为通廊的"一山、七廊"绿化体系。盖土造地、修筑道路、引水上山、封山禁牧、整治污染……其中，清除煤场达 20 多个、填埋垃圾 10 余万立方米，建梯田筑鱼鳞坑，平整洼地，栽植景观树、经济林。

西山宛如一颗再造的生态明珠，重披绿衣的山山水水引得群鸟回归。这些诱人的绿、清新的绿、蓬勃的绿、诗意的绿，绘就了市民的幸福生活。站在生态园的制高点放眼四望，亭台水榭、层层碧波尽收眼底，新修的道路在山林间蜿蜒起伏，颇具山地园林胜景。

天蓝、云低、风清、林绿，人们陶醉于清新、蓬勃、诗意的同时，早已忘却脚下踩踏的曾是一片茫茫的"煤海"。

随着大规模造林绿化，太原地区空气质量明显改善，大风和沙尘天气明显减少，煤灰飞扬得到有效遏制，在改善群众生活环境的同时，也为山西地区筑起了一道防风固沙、涵养水源的绿色长城。

（资料来源：山西日报，2013-10-14.）

二、各行业脱碳

碳达峰、碳中和目标的提出，加速了我国能源系统的低碳绿色转型。能源系统通常分为供给侧和需求侧，涉及电力、非电力、工业、交通运输、建筑、服务业、互联网等领域。在供给侧，实现电力碳中和是我国碳减排的核心，此外，实现非电力碳中和也是重要一环；在需求侧方面，依托技术改造的节能减排是我国碳减排的核心，尤其是摸索工业、交通运输、建筑、服务业、互联网等碳排放量较大的领域的脱碳路径，对我国碳减排具有重要意义。

（一）碳达峰、碳中和目标

2015 年 12 月，在巴黎举行的《联合国气候变化框架公约》第 21 次缔约方大会暨《京都议定书》的第 11 次缔约方大会（即第 21 届联合国气候变化大会）通过了《巴黎协定》，旨在控制主要由认为活动产生的碳排放而导致的气温升高。2018 年，IPCC 在其发布的《IPCC 全球升温 1.5℃特别报告》中指出，要把全球升温控制在 1.5℃以内，全球 2030 年温室气体排放量要比 2010 年下降约 45%，2050 年前后达到净零排放。为了保住赖以生存的家园，世界各国纷纷开始行动，进入节能减排新时代。各国在更新国家自主贡献目标的同时，纷纷提出碳中和目标，全球开启了迈向碳中和目标的国际进程。

2018 年 5 月 18 日至 19 日，习近平主席在全国生态环境保护大会上强调，要通过加快构建生态文明体系，确保到 2035 年，生态环境质量实现根本好转，美丽中国目标基本实现；到 21 世纪中叶，物质文明、政治文明、精神文明、社会文明、生态文明全面提升，绿色发展方式和生活方式全面形成，人与自然和谐共生，实现生态环境领域国家治理体系和治理能力现代化，建成美丽中国。2020 年 9 月 22 日，习近平主席在第七十五届联合国大会一般性辩论上郑重宣布，中国将提高国家自主贡献力度，采取更加有力的政策和措施，二氧化碳排放力争在 2030 年前实现碳达峰，2060 年前实现碳中和。这是我国在《巴黎协定》承诺的基础上，就应对气候变化问题设立的更高目标，表明了我国推进全球应对气候变化进程的决心。

我国提出碳达峰、碳中和目标，一方面，是我国实现可持续发展的内在要求，是加强生态文明建设、实现美丽中国目标的重要抓手；另一方面，是我国积极履行大国责任，推动构建人类命运共同体的重大历史担当。这是党中央统筹国际、国内两个大局做出的重大战略决策，为推动国内经济高质量发展和生态文明建设提供了着力点，也为国际社会应对气候变化和全面有效落实《巴黎协定》注入了强大动力，更为疫情后全球实现绿色复苏和共建地球生命共同体增添了新的动能，得到了国际社会的高度赞誉。

碳达峰、碳中和目标之间密切联系，是一个目标的两个阶段。第一阶段，2030 年前碳排放达峰，与 2035 年中国现代化建设第一阶段目标和美丽中国建设第一阶段目标相吻合，是中国 2035 年基本实现现代化的一个重要标志。第二阶段，2060 年前实现碳中和目标，与《巴黎协定》提出的全球平均气温上升幅度控制在工业革命前的 2℃以内，并努力控制在 1.5℃以内的目标相一致，与中国在 21 世纪中叶建成社会主义现代化强国和美丽中国的目标相契合，是中国建成现代化强国的一个重要内容。碳达峰是具体的近期目标，碳中和是中长期的愿景目标，两者相辅相成。尽早实现碳达峰，可以为后续实现碳中和目标留下更大的空间和灵活性；碳达峰的时间越晚，峰值就越高，后续实现碳中和目标的挑战和压力就越大。

生态词典

碳达峰：碳达峰是指在某个时间点，全球、国家、城市、企业等主体的二氧化碳排放量（碳排放）达到峰值，之后由升转降的过程。碳排放的最高点即为碳峰值。

碳中和：碳中和是一个节能减排术语，是指国家、企业或个人等主体通过植树造林、节能减排等活动，抵消自身在一定时间内直接或间接产生的二氧化碳等温室气体的排放量，达到相对“零排放”。

近零排放：近零排放是指温室气体排放不断降低，直至趋近于零的动态过程。2014 年，IPCC 在当年发布的第五次评估报告中提到，如果要在 21 世纪末实现全球平均气温上升幅度不超过 2℃（与工业化时期相比）的目标，那么 21 世纪末温室气体排放需要接近零或者低于零，即“近零排放”。这是“近零排放”首次在正式的气候变化文件中被提及。

净零排放：净零排放是指在规定时期内，人为移除抵消排入大气的温室气体人为排放量。

气候中和：气候中和也被称为“气候中性”，是指人类活动对气候系统没有净影响的状态。要实现这种状态，需要努力让各种温室气体朝向净零排放，同时考虑人类活动的区域与局地生物地球物理效应，如人类活动可影响地表反照率或局地气候。

我国于 2015 年 6 月 30 日向联合国提交了《强化应对气候变化行动——中国国家自主贡献》。在这个报告里，我国根据自身国情、发展阶段、可持续发展战略和国际责任，确定了到 2030 年的自主行动目标，即二氧化碳排放 2030 年左右达到峰值并争取尽早达峰；单位国内生产总值二氧化碳排放比 2005 年下降 60%~65%，非化石能源占一次能源消费比重达到 20% 左右，森林蓄积量比 2005 年增加 45 亿立方米左右。同时，为实现到 2030 年的应对气候变化自主行动目标，我国还明确提出了体制机制、生产方式、消费模式、经济政策、科技创新、国际合作等方面的强化政策和措施。

2020 年 12 月 12 日，习近平主席在气候雄心峰会上发表重要讲话，宣布中国国家自主贡献一系列新举措，包括到 2030 年，单位国内生产总值二氧化碳排放将比 2005 年下降 65% 以上，非化石能源占一次能源消费比重将达到 25% 左右，森林蓄积量将比 2005 年增加 60 亿立方米，风电、太阳能发电总装机容量将达到 12 亿千瓦以上。

（二）电力碳中和

煤炭是火力发电的主要燃料。在很长的一段时间内，火力发电都是我国电力组成的重要部分，主要原因是我国煤炭资源丰富、价格低、发电稳定，且前期投入少，对地理环境要求也不高。但是，火力发电产生的二氧化碳较多，是导致我国碳排放量上升的主要原因之一。如果继续保持火力发电的主导地位，将极大阻碍我国碳达峰、碳中和目标的实现。

而电力是能源转型的中心环节，也是碳减排的关键领域。实现电力低碳转型，加快构建以新能源为主体的新型电力系统，对实现碳达峰、碳中和目标具有重要意义。

1. 发展可再生能源发电

可再生能源是指可以重新利用或者在短时间内可以再生的自然资源。可用于发电的可再生能源主要有风能、水能、太阳能、生物质能等。

风力发电是可再生能源发电中技术最为成熟的一种，也是目前成本最低的环保发电方式，分为陆上风力发电和海上风力发电。我国风能资源十分丰富，可开发利用的风能储量约10亿千瓦，主要集中在东北地区、西北地区、华北北部及东南沿海地区。得益于丰富的风能资源，近年来我国风力发电规模快速扩大。

水力发电是利用水能的一种重要方式，其基本原理是利用水位落差，配合水轮发电机产生电力。水力发电一般可分为大坝式水力发电、抽水蓄能式水力发电、川流式水力发电、潮汐发电4种类型。水力发电具有在运行中不消耗燃料，发电成本、运行管理费比较低等特点。此外，水利水电工程还具有防洪、灌溉、供水、航运、旅游等综合利用效益。我国的水资源十分丰富，自2014年以来，我国水力发电整体装机容量持续上升。

太阳能发电分为光伏发电和光热发电。目前，我国的光伏发电技术较为成熟。光伏发电主要有独立光伏发电、并网光伏发电和分布式光伏发电3种。其中，独立光伏发电系统主要由太阳能电池组件、控制器、蓄电池组成；并网光伏发电通常有集中式大型并网光伏电站，所发电能可以直接并入国家电网，由电网统一调配，向用户供电；分布式光伏发电主要利用分散的太阳能资源，因地制宜地布置在用户附近，就近解决用户的用电问题，同时可将剩余电能并入电网。我国拥有丰富的太阳能资源，主要集中在西北地区。截至2021年年底，我国光伏发电并网装机容量达到3.06亿千瓦，连续7年稳居全球首位。

生物质发电是指利用生物质（即通过光合作用而形成的各种有机体，包括所有的动植物和微生物）所具有的生物质能进行发电，主要包括利用农林废弃物直接燃烧或气化发电、垃圾焚烧或填埋气化发电和沼气发电。我国的生物质资源非常丰富，生物质发电产业发展前景广阔。一方面，我国农作物播种面积达18亿亩，年产生物质约7亿吨。此外，稻壳、玉米芯、花生壳、甘蔗渣和棉籽壳等农产品加工废弃物也是重要的生物质资源。另一方面，我国现有森林面积约1.95亿公顷，每年可获得生物质资源量约8亿~10亿吨。

2. 构建新型电力系统

新型电力系统是以新能源为主体的电力系统。其以新的电力技术体系为支撑，具备承载高比例的新能源发电、消纳和储存能力，同时能够确保电力稳定供应，具有清洁低碳、安全可控、灵活高效、智能友好、开放互动等基本特征。要实现碳达峰、碳中和目标，必须加快构建新型电力系统，推动清洁电力资源大范围优化配置。

（三）非电力碳中和

目前，我国能源需求中非电能占比超过50%，如交通运输领域、化工行业等对燃烧能源的依赖程度较高，并且很难用电能替代。因此，其他清洁能源的开发和利用，对我国能否实现碳达峰、碳中和目标至关重要。

氢气具有发热值高、无污染、可以多种形式存在等优点。当前，氢能在产业发展、技术迭代上优势更强，利用可再生能源发电制氢能够实现全周期零碳排放。因此，氢能是实现非电力碳中和的重要选择。

（四）工业领域脱碳

钢铁被誉为工业的“粮食”，推动了我国工业化、现代化进程，是我国经济发展的重要基础。然而，钢铁行业也是一个高耗能、高污染的行业，因为炼钢的主要原料为煤和铁矿石。目前，我国钢铁行业正处于发展变革的重要转型期，基于转型成本、技术成熟度、发展路径难易程度及资源可用性等方面的综合考虑，消除过剩产能、发展低碳技术和清洁能源生产替代等举措，是实现钢铁行业转型升级的重要手段，能够有力推动钢铁行业脱碳。

水泥是世界上使用最广泛的建筑材料，水泥行业的碳排放量约占全球碳排放总量的 7%，是仅次于钢铁行业的第二大工业二氧化碳“排气筒”。2020 年，我国在生产水泥的过程中因燃烧直接排放的二氧化碳和因消耗电力间接排放的二氧化碳约占我国碳排放总量的 13%。基于技术发展成熟度及经济成本效益等层面的考量，依次用好碳减排、碳捕集和碳吸收三个抓手，实现从源头限制碳排放、从终端二次封锁碳排放及利用其他手段减少碳排放，是水泥行业实现脱碳的重要手段。

（五）交通运输领域脱碳

随着我国城市化进程的加快、工业的扩张及道路等基础设施的修建，我国的交通运输领域驶入发展快车道。目前，我国交通运输领域的碳排放量占我国碳排放总量的 10%。为实现碳达峰、碳中和目标，交通运输领域必须在公路、铁路、海运、航空等多种运输渠道进行低碳转型。交通运输领域应尽早全面实现电气化，如公路上行驶的私家车、出租车、公交车、重型卡车，甚至是铁路上运行的火车，应全部由电力或者新能源燃料电池驱动。此外，可依托云计算、大数据、人工智能、物联网等技术发展智慧交通，如共享出行，以减少碳排放。

（六）建筑业领域脱碳

建筑行业的脱碳之路需要重点实现全面电气化改造，寻找采暖新方式，降低建筑能耗，全面使用节能电器和环保建筑材料，发展绿色节能建筑。

在采暖方式上，我国南北地区可分别采用不同的新型供热结构达到零碳排放。南方地区的非集中供暖城镇居民可实施建筑电气化，普遍采用电动热泵来满足供暖需求。北方则需通过改变热源结构、优化供能方式，利用原有集中供暖系统，结合农村以生物质资源替代燃煤热源、城镇与工业电厂排放的大量余热电热作为替代燃煤的新型热源结构，打造新型低碳节能供热体系。

在建筑建造与装修环节，绿色建材和节能电器将共同助力碳达峰、碳中和目标实现。例如，被誉为“世界最节能环保的摩天大厦”的广州珠江城大厦，其最具节能效应的就是空调系统、冷辐射天花板、安装了光伏发电设备的玻璃幕墙和能烧水的大量太阳能板。据统计，这座大厦每年至少可减少 3 000~5 000 吨的二氧化碳排放量。

（七）服务业领域脱碳

服务业与人们的日常生活息息相关。现代服务业一般包括生产性服务业、消费性服务业、公共性服务业和基础性服务业四大类，具体包括快递物流业、居民服务业、零售业、信息通信技术业和其他服务业。服务行业脱碳可以从以下几个方面努力。

（1）发展绿色低碳快递运输：研发和推广节能包装材料产品，循环使用快递中转袋、环保纸袋等。

（2）推动信息通信行业低碳化：加快信息基础设施宽带化、智能化升级，积极推动绿色低碳新技术和节能设备广泛使用，深化信息基础设施共建共享。

（3）发展低碳零售模式：建立权威性的低碳零售行业标准，减少商品过度包装。

（4）在居民服务业方面，推广低碳生活理念，让低碳理念深入人心，使人们自觉参与低碳生活。

（八）互联网领域脱碳

随着数字经济的蓬勃发展，5G、人工智能、物联网等新技术加速应用，带来了数据流量的井喷式增长。数以万计的服务器日夜不断地计算、传输和存储海量数据，持续消耗大量能源。当人们拿起手机，一次简单的搜索消耗的电量相当于一只8瓦普通灯泡点亮1小时的电量。由此可见，互联网行业的脱碳对实现碳达峰、碳中和目标有着重要影响。互联网行业应充分发挥技术与产业模式的创新潜能，积极向实现可再生能源应用转型。

2021年6月，百度在线网络技术有限公司宣布将于2030年实现集团运营层面碳中和。2021年12月，深圳市腾讯计算机系统有限公司首次透露了碳中和目标设定：计划将于2030年实现集团层面的全供应链碳中和。2021年12月17日，阿里巴巴网络技术有限公司正式发布《阿里巴巴碳中和行动报告》，提出于2030年实现自身运营碳中和。

生态词典

碳汇：碳汇是利用生态系统实现二氧化碳负排放的一种方式。生态系统中的植被、土壤和微生物等可以利用自身的碳循环吸收和固定二氧化碳，对平衡大气中的二氧化碳浓度起着关键作用。当生态系统固定的碳量大于向大气中排放的碳量时，该系统就成了大气中二氧化碳的汇，简称“碳汇”。人们在日常生活中看到的绿树、青草、灌木等，都是碳汇的一部分。

林业碳汇：林业碳汇是指利用森林的储碳功能，通过植树造林、加强森林管理及减少毁林等活动，吸收和固定大气中的二氧化碳，并按照相关规则与碳汇交易（即碳排放指标买卖的过程）相结合的过程。森林中植被吸收的二氧化碳，一部分会随着植被呼吸、植被死亡、人工砍伐等释放出去，剩余的部分可以被固定在植被中形成碳汇。利用森林降低大气中二氧化碳的浓度，成本相对较低，是国际社会公认的用于缓解全球气候变化的重要措施。发展林业碳汇将成为我国实现碳达峰、碳中和目标的重要一环。

海洋碳汇：海洋碳汇（也称“蓝碳”）是指利用海洋活动及海洋生物吸收和储存大气中的二氧化碳的过程。其中，红树林、海草床和盐沼三大生态系统的覆盖面积相较海床（即海的底部，也叫海底）整体面积虽微乎其微，但其能捕获和存储大量的二氧化碳，并将这些二氧化碳长期埋藏在海洋的沉积物中。我国海域面积广阔，是世界上为数不多的同时拥有红树林、海草床和盐沼三大生态系统的国家之一，得天独厚的自然条件赋予了我国海洋碳汇巨大的潜力和实施空间。

三、城市碳达峰

城市作为人口和经济活动聚集的中心，其运转需要消耗大量的化石能源，排放大量的二氧化碳。因此，城市碳达峰对于实现我国碳达峰、碳中和目标具有重要意义。

城市碳达峰是指城市的二氧化碳排放量在一段时间内达到峰值，之后进入平台期并可能在一定范围内波动，然后进入平稳下降阶段的过程。受经济因素、极端气象等自然因素的影响，在平台期内，城市可以适度出现碳排放上升的情况，但不能超过峰值碳排放量。

目前，全球已经有超过 100 个城市承诺将在 2050 年实现碳中和。我国国家发展和改革委员会自 2010 年起先后开展了 3 批低碳省、市、区试点工作。经过多年探索和发展，我国低碳城市试点工作取得了显著成就。

一是试点地区在低碳发展目标方面发挥了引领作用，促进了发展方式的转型。经过探索和努力，这些低碳试点地区的单位国内生产总值二氧化碳排放下降率普遍高于非试点地区，下降幅度也显著高于全国平均水平。这说明各试点地区在产业转型、能源转型、提升发展质量效益方面取得了积极成效。此外，各试点地区不但提出了更加严格的单位国内生产总值二氧化碳排放下降目标，而且率先提出了碳排放峰值目标和路线图，形成了对产业结构转型、能源结构优化、技术进步创新、生活方式转变的倒逼机制。

二是大幅度提升了各试点地区对低碳发展的认识和能力建设。通过开展低碳试点，各试点地区对低碳发展理念的科学认识有了较大提高，更加注重绿色低碳与经济社会发展的协调推进，逐渐开始转变传统的粗放型发展理念。同时，这些试点地区关于经济、社会、能源、环境保护等方面的基础数据分析能力和路径研究能力也得到了很大提升，政府、企业、社会公众的绿色低碳意识也有所提升，为推动实现绿色低碳发展奠定了良好基础。

三是涌现出一批好的做法、好的经验。各试点地区都在探索绿色低碳发展道路方面做了很大努力，在产业转型、能源转型、技术进步、低碳生活方式引导，以及推动绿色低碳发展、加强生态文明建设的体制机制创新方面都做了许多工作。例如，已有多个试点城市设定了碳达峰时间表，围绕峰值目标倒逼结构调整；北京、上海、广东等省份已开始探索运用市场机制推动低碳发展；镇江等城市探索建立企业碳排放报告制度及碳排放管理平台；等等。

知识链接

洱海论坛上，云南向世界分享生态文明建设经验

苍山之麓、洱海之滨，共话祥云、论道剑川，2022年8月28日至8月29日，国内外嘉宾聚首云南省大理白族自治州，在2022推进全球生态文明建设（洱海）论坛上围绕“携手合作 共同构建地球生命共同体”这一主题展开探讨。来自世界各地的生态文明建设经验在这里交流碰撞。作为东道主，云南也在论坛上向世界分享了饱含智慧的八大云南经验。

经验一：文化浸润助推生态文明的大理实践

“天人合一”“道法自然”的生态意识，“取之有时”“用之有节”的生态理念，“兼乎万物”“和谐共生”的生态智慧让大理州各族人民亲仁善邻、兼收并蓄、海纳百川，一直与苍山洱海共存共荣，与天地万物和谐共处，使大理获得了“多元文化与自然和谐发展的典范”“文献名邦”等美誉。大理在传承传统生态文化中创新，在倡导绿色生产生活方式中发展，在白州大地继续书写崇尚自然、保护资源、永续发展的时代故事，开辟了以生态文化引领绿色发展的新境界。

经验二：小切口、区域化、分众化精准传播中国故事

近年来，云南日报发挥区位优势，面向南亚、东南亚开展“一国一策”的精准传播，推进习近平生态文明思想的区域化、分众化表达，从云南生态故事的小切口展示可信可爱可敬的中国形象。云南日报在多语种宣介习近平生态文明思想、立体化呈现云南生态文明新风貌、互动化传播地球生命共同体理念等方面进行了有益实践，积极传播全球环境治理的中国方案，通过融合传播等现代方式，对外讲好中国参与全球环境治理的创新实践。

经验三：大理生态故事的诗意表达

大理以“苍山不墨千秋画，洱海无弦万古琴”的自然美景举世闻名，“风花雪月”是大理最浪漫迷人的景致，是海内外游客心驰神往的“诗和远方”。除了优美的生态环境，大理还有大量生动的环保故事，是讲述中国生态文明故事的“富矿”。在国际传播中，大理始终注重坚持思想引领，发掘人类共同关注话题，积极开展多元主体传播。通过新媒体的链式传播以柔性的方式讲好生态故事、传播中国文化，达到了良好的传播效果。

经验四：云南高原特色农业产业纵深向绿

2013年，云南省普洱市被国家委以重任——建设国家绿色经济试验示范区，探索一条边疆欠发达地区立足自身优势发展绿色经济之路。多年来，普洱积极推动生态茶园改造。今天，生态茶园改造在云南越推越广，普洱国家绿色经济试验示范区建设从试验走向示范。2010年，世界第一个茶树基因组测序计划在云南昆明启动。云南农业大学等单位建立了世界首个茶叶基因大数据库，为茶学研究、优势基因发掘和分子育种等提供重要科学依据。

经验五：从茶园到茶杯的全过程绿色发展道路

20多年前，在澜沧江上游，云南昌宁红茶叶集团有限公司（以下简称“昌宁红”）在郁郁葱葱的茶园中建立起了第一个加工厂。随着国家对绿色产业的大力倡导，2013年，“昌宁红”开启了绿色有机可持续发展的认证。如今，昌宁红茶园已经被中国有机认证3 700

亩，国际雨林认证 3 900 亩，获得欧盟美国有机认证 3 700 亩。同时，25 000 亩的茶园获得了云南省首个茶叶出口安全示范基地称号。

受益于绿色，成长于绿色，将绿色作为发展的不变初心，“昌宁红”成长为一个从茶园到茶杯全产业链的企业，并成为国家重点龙头企业、云南省十大名茶，覆盖云南省高原优质茶园，涉及产能 2 万吨，产品出口 20 个国家和地区。

经验六：流域保护与农业高质量发展的大理样本

目前，洱海治理到了提升生态治理成效与农业高质量发展的叠加期。怎样才能走出一条既可以强化洱海生态环境，又能加快农民致富的新路子，是洱海流域农业绿色转型的迫切需求，也是全国农业高质量发展面临的重大问题。

为此，由洱海流域农业绿色发展研究院一线指挥，联合云南农业大学、大理州政府一起组织了全国 20 多家科研、教学、企业单位，200 多位科技人员，从 6 个方面重点来突破流域农业绿色发展的问题。2021 年 12 月，第一个洱海流域科技小院启用，抓住生态中心和产业中心，以生态增值、农民增收、乡愁增韵打造“三增”大理模式。

洱海流域农业绿色发展新模式的目标在于洱海保护与农民增收的协同实现，在农田上希望氮磷排放减少 30%~50%，入湖负荷减少 10%~20%，每亩产值超过 1 万元，让大理模式成为高原湖泊流域农业绿色发展的典型模式。同时，新模式旨在真正构建起山水林田湖草沙生命共同体，立足洱海，面向云南，打造全国农业绿色发展的新样板。

经验七：科技赋能白芸豆产业 构建生态保护和可持续发展模式

目前，云南是世界上白芸豆全产业链最完整的一个区域。为了拥抱机遇，在云南探索出白芸豆领域的全球第一个生态保护和可持续发展的可复制的典范模式，云南省食品行业协会筹备了芸豆产业集群专业委员会，通过行业协会的抓手，组织云南本地和来自全国的白芸豆产业链各参与方，形成跨越一、二、三产业的集群。

芸豆产业集群专业委员会将“科技赋能、示范教育”确定为 2019 年—2024 年的发展主题。一方面通过科技赋能提高白芸豆种植产量和品质，同时提高产品附加值，推动云南白芸豆产业链从传统的农产品，向医药和大健康产业的延伸。另一方面，把种植户和农业机构吸纳到产业集群委员会当中来，通过多种形式的活动教育输出更科学的种植方式。与此同时，芸豆产业集群专业委员会在推动《云南白芸豆农产品质量团体标准》的制定过程中，根据产业链下游及有机种植的要求，结合本地实际，科学地将生态保护和可持续发展的指标纳入其中，自然地把生态效益、经济利益有效结合在一起。

经验八：筑巢引凤“绿色硅”补齐产业链

青睐于大理州祥云县西南光伏产业的枢纽位置，感受到政府大力发展新能源、新材料产业的规划与决心，湖南立新硅材料科技有限公司（以下简称“立新”）选择将项目落地大理祥云，在此布局万吨级产业基地，补齐了大理州乃至云南省在产业链硅料环节的短板。

如果说硅基能源是人类能源的终极解决方案，那么物理冶金法就是提纯硅的终极解决方案。自 2008 年创业以来，“立新”发明了“催化冶金熔炼提纯”及“非线性凝固提纯”两项完全自主知识产权的核心技术，并申请了 20 余项核心专利，处于世界领先水平。立新物理冶金法以下游切片过程中产生的硅泥为原材料，循环利用，变废为宝，在保护资源环境的同时，创造出可观的附加值。

（资料来源：云南网 2022-09-02，http://yntv.cn/news/20220902/1662109070294817.html）

案例点评

“河长制”到“河长治”——基层生态治理的“法宝”

浙江省湖州市长兴县作为太湖水源的涵养地，“生态+”的先行地，河长制的发源地，一直坚定不移践行“绿水青山就是金山银山”理念，持之以恒抓好河长制工作，走出了一条以河长制为载体，以各级河长协同推进为抓手，以环境综合治理，产业转型升级，经济社会持续发展为重点的治水之路，营造了全民治水护水的良好氛围，实现了“水秀、景美、业兴、民富”的治水目标（图 2-1）。

图 2-1　长兴县“五水共治”后水更清、天更蓝

（一）县乡村组全覆盖，推动“政府治水”走向“全民治水”

长兴县位于太湖流域上游，地处杭嘉湖平原，境内河网水系发达，547 条河道全长 1 659 千米。试水阶段的河长由各级党政领导担任，负责辖区内河流的水环境治理和水质的改善，其实质是领导督办制、环保问责制所衍生出来的河道水环境管理制度。也可以通俗地理解为“河长制核心是党政首长负责制，破除体制顽疾，改变‘环保不下河，水利不上岸’的尴尬”。这是因为山水林田湖是一个生命共同体，治水靠一个部门单打独斗不行，必须统筹上下游、左右岸系统治理。河长制表面上是生态环境保护的一个行政总动员，实质上是以打破区域和部门行政权力界限的方式来克服生态环境和资源利用的外部性。长兴县的夹浦港是长兴最早实行河长制的一条河道。紧邻太湖的夹浦镇曾是轻纺重镇，一度拥有 3 万多台喷水织机，排放的废水中含有油脂等污染物，污染了周边水体，影响群众身体健康。时任夹浦港镇级河长徐诚坦言：“通过河长制管理政治，所有机器全部纳入污水管网，全镇所有的污水实现了回用，彻底切断了污染源。”不可否认，以“凡水必治、凡水必清”为目标的“河长制”让长兴的水越来越清澈。

2013 年，长兴县委、县政府着手建立县、乡、村、组四级河长管理模式，共落实各级河长547人，宣传、巡查、监督、曝光一样不能少。由县领导担任县内16条主要河道河长，由承包组组长担任承包组内河道河长，形成“横向到边，纵向到底”的河长制管理体系，从“政府治水”转向“全民治水”。有针对性地提出了“水岸共治”和“属地保洁”概念，即水面担保和岸上保洁同步进行，解决了“岸上垃圾水里漂，水上垃圾岸上捞”的难题。除了河长制，长兴县还不断向水库和水塘延伸，“库长制”“塘长制”的出现也颇有新意。对应县、镇、村、组四级河长制，配套落实河道警长制，县级河长河道警长由县公安局党委班子成员担任；乡镇级河长河道警长由辖区派出所民警担任。这些都是长兴县在河长制的基础上创新而来的，是河长制在最基层的一种衍生。河水逐渐清澈，居住环境改善是长兴县河长制交出的最具说服力的答案。

（二）最大限度调动群众力量，让万民争当“河小二”

长兴县依托组织部、工青妇和民间组织，并利用志愿汇APP线上招募，不断壮大民间“河小二”的队伍，形成全员参与、全民监督治水的良好氛围。长兴县加强部门联动，形成联防联治工作格局，深化水利、环保、公安环境执法联动；每月随机抽查河长制巡查、例会、督查指导等工作情况，抽查结果与县政府对乡镇（街道、园区）的年度考核及县“五水共治”考核挂钩，并将相应河长履职情况的考核结果作为党政干部综合考评的重要依据；由女性社会组织代表、女企业家代表、主妇、志愿者等组成的“巾帼护水队”一直活跃在各村的河岸边，在治水基层打造了又一片亮丽风景，形成了“每月至少开展一次入户宣传引导、一次垃圾清扫活动、一次沿河植绿护绿、一次全河段监视”的长效机制，确保护水岗的成立不是“花拳绣腿”。

长兴县以“河长日”活动、“最美河长评选”、生态河道创建等活动为载体，发动党员干部、社会群众、当地村民等积极投身河长制工作。充分发挥人大、政协、纪委监督职能，组织人大代表和政协委员积极参与河长制的监督，参与河道保洁、清淤疏浚等工作的考核；突出社会监督，通过聘请钓鱼协会会员担任义务监督员、设立河长警示牌、强化媒体曝光力度等途径，广泛动员社会力量参与监督，确保河长制工作落到实处。

（三）“互联网＋河长制”，推动智慧水务长效管理

“浙江省河长制管理信息系统”是浙江智慧水务建设的突出亮点，能够覆盖全省的智慧河长监控处理系统。通过该系统，省、市、县、镇四级河长可以通过PC端和移动端进行管理，公众可以通过APP、微信、热线电话等参与治水。通过系统，省内的大河小沟被电子化清晰呈现，交接断面、污染源、河长公示牌等信息一目了然。

长兴县在乡镇建立河长制微信公众平台，将“河长制”微信公众号的二维码张贴在河长公示牌上，群众可以直接扫码关注并实时发送河道保洁、水域占用、渔业渔政等河道管理方面的问题，增加了社会监督的参与度和透明度，提高了监督的直观性和有效性，也提高了相关部门问题处理整改的效率。2016年6月，长兴县使用了河长制管理信息化系统，为各级河长配发终端512台。河长在巡河过程中，把相关情况通过手机“河长APP”即时上传至信息化平台，由平台管理员根据问题分类及时分解至相关部门和乡镇街道，大大提高了巡查治水效率。使用“河长APP”，各级河长只要点点手机就能上报、处理、反馈各种紧急

涉河事件，撰写电子版的“河长日志”；为老百姓特别定制的“人人护水APP”，则可以查询水质、寻找河长、举报投诉，只要定位、上传“随手拍”照片，所反映的问题5个工作日就可得到解决。

（资料来源：浙江省湖州市人民政府网，http://www.huzhou.gov.cn/art/2019/5/14/art_1229213558_54845014.html（改编））

经验与启示

长兴的先行先试，为河长制在全国的推行积累了宝贵经验。这个新制度的推广，让江河湖泊实现了从没人管到有人管，从管不住到管得好的转变，推动解决了一批河湖管理保护的老难题。河长制是对水环境治理的一种新尝试，是在我国严峻的水环境污染情况下，针对我国长期的“九龙治水、群龙无首”等管理制度的一种创新。长兴县以推动河长制从“有名”向“有实”“有能”转变为主线，压紧压实河长、湖长和有关部门责任，从而实现“有人管”“管得住”“管得好”。

（一）系统性的工作思维和工作方法

河长制从长兴走向了浙江，又从浙江推向了全国。纵向上，省级主要领导、市委书记市长、区委书记区长、镇委书记镇长、村支部书记村委会主任，各级“河长”形成治水“首长责任链”；横向上，发展改革、财税、水利、国土、农业、交通、环保、住建、工商、公安，乃至检查组织人事部门各有分工、各具使命。横向组织间网络协调机制及纵向责任制链条整合机制等协同的努力使得流域生态治理的碎片化现状得到了一定程度上的改善，形成了县域范围内一盘棋治水的良好格局。政府通过限制向河湖排污、防治水体污染，严禁侵占河岸、乱采乱挖等手段保护河流湖泊，可见河长制的整体性结构思维模式不仅体现在负责河流“水质达标”，更体现在管好整个河流水资源、水环境、水生态。

（二）工作成效出于层层落实责任

严格执行工作责任制，特别是对治水这样的重点任务，一定要压实各方责任、层层传导压力，确保不折不扣落实到位。河长制能否发挥实效，关键在于防治责任的真正细化，组织形式的条分缕析，以及责任主体的精确锁定。长期以来，河流湖泊的生态保护，由于涉及水资源保护、水域岸线管理、水污染防治、水环境治理等多方面内容，多部门权责交叉，时常陷入多方治水、治而无功的尴尬境地。权责明晰，更要履责有力，将用心良苦的制度设计真正转化为务实可行的环保行动，这才是长兴县推动“河长制”迈向“河长治”的关键。在河长制中，由当地党政主要负责人担任“河长”，实现了涉水相关职能部门的资源有效整合，很好地缓解了部门间的利益冲突，使流域生态治理短期内得到极大的改善。这样的制度设计最大限度地整合了各级政府的执行权力，通过力量的协调分配，对流域水环境中的各个层面进行了有力管理，有效降低了分散管理中的管理成本和难度，整合协调了涉多个水资源管理部门的资源，在流域水资源流动不可分割的自然生态规律中很好地实行协调统一，管理效率明显增强。这不仅要构建责任明确、协调有序、监管严格、保护有力的河湖管理保护机制，更要对目标任务完成情况进行考核，强化激励、问责制度。给每一条河流，对应一个负责任的名字，并切实推动举措“真落地”、责任“真落实”，确保实现河湖永畅长清。

（三）全面参与是治水必胜的保障

只有充分保障公众知情权，鼓励公众充分参与，才能推动政府环境执法和企业整改。河长制为的是牵头抓总、统筹协调，最大限度整合各级党委政府的执行力，弥补早先多头管理的不足，真正形成全社会治水的良好氛围。为引导和鼓励全民参与，长兴探索设立“巾帼护水岗”“河小二”等，充分发挥全社会管理河湖、保护河湖的积极性，大力推行全民治水。大力引导社会公众参与，形成社会公众与政府部门的良性互动氛围，构建形成水环境善治格局。通过建立河长制工作APP、微信群等信息化即时通信平台，让更多的民间“河小二”主动承担家乡“治水”工作。通过长兴县干部群众敢于探索、追求创新的改革思维，使河长制达致一种善治。

第三章

树立生态观念

本章导读

2018 年 5 月 18 日，习近平总书记在全国生态环境保护大会上指出，生态文明建设是关系中华民族永续发展的根本大计。党的二十大报告指出，“大自然是人类赖以生存发展的基本条件。尊重自然、顺应自然、保护自然，是全面建设社会主义现代化国家的内在要求。必须牢固树立和践行绿水青山就是金山银山的理念，站在人与自然和谐共存的高度谋划发展”。这为我国生态文明建设提出了要求，指明了方向。

生态文明建设，不是一个国家、一个地区的问题，而是关系到全人类共同生存和发展的课题，同样，生态文明建设也是高校德育的新内容，大学生树立生态观念，培育生态文化，培养生态道德，开展生态教育，提升生态文明素质，对推动生态文明建设有着重要的意义。

学习目标

★知识目标

1. 了解古代生态文明思想和现代生态文明思想。
2. 熟悉生态文明观念的概念和内容。

★技能目标

1. 努力规范自身的生态文明行为。
2. 掌握生态环保新知识，在日常生活中做到环保。

★思政目标

1. 牢固树立生态文明观念。
2. 增强生态文明意识。
3. 塑造生态环保新人格。

学习重点

全面准确地理解和认识习近平生态文明思想，牢固树立生态文明观念，在社会实践和个人生活中践行生态环保理念，掌握生态文明技能，养成生态文明习惯，做到知行合一。

第一节　生态文明思想

人们所向往的大自然“水清岸绿，鱼翔浅底”的风光与活力，所憧憬的繁华都市也能拥有“蝉噪林逾静，鸟鸣山更幽”的清净之土，所期待看到“稻花香里说丰年，听取蛙声一片”的和谐景象，这些都是人与自然和谐共处的结果。在人类历史发展进程中，人们越来越清晰地认识到人与自然是生命共同体，生态环境是人类生存最为基础的条件，生态环境保护是功在当代、利在千秋的事业。在我国，生态文明思想从古到今一直深植于中华人民的心中。

扫一扫 学一学

一、古代生态文明思想

我国古代贤哲对人与自然的关系有着深刻的认识，提出过极为丰富的生态文明思想，并且以此指导人们的实践，为后人留下了宝贵的精神遗产。这些生态文明思想不仅为生态文明建设提供了重要的思想来源，更为大学生生态文明观念的树立提供了理论基础和现实依据。

（一）天人合一，和谐为美

《周易》作为中华文化的思想源头，中国古代生态思想形成期的标志性著作，其中含有丰富的生态和谐思想。

1. 自然界本身的和谐

《周易》认为"天地之大德曰生"，把万物的"产生"和"生命"的过程看作是天地最主要、最大的本性(德性)。天地为什么会"生"呢?《周易》认为"天地节而四时成""天地革而四时成"。"革"即为改变、变革，"节"即为节度、节奏。这是讲由于天地不断地进行有周期性的运动和变化，所以产生了春夏秋冬4个季节。与此同时，"天地以顺动，故日月不过，而四时不忒"，天地与四时具有这样和谐的关系，才能表现出天地的本性，"乃见天则"，天则就是天地的本性，成大德，就是"生"。在这里《周易》已经明确地阐述了自然万物的生命，都是在天地不断变化运动而出现的，在一年四季的过程中产生的。这就是生命的由来。

《周易》认为，天地不仅能创生万物，还能尽其所能"养"万物。"天地养万物""天地变化，草木蕃""天地交而万物通也""坤也者，地也，万物皆致养焉"。天地创生万物，养育万物，促进万物成长，还使万物具有各自的本性，出现万物各不相同的品质，"乾道变化，各正性命"，"含弘光大，品物咸亨"。天地最终促成了万物性状差异，形成自然界生物的多样性，而生物的多样性，也正是生态系统健康良好发展的重要标志。

虽然万物本性各不相同，但能以不同的方式共同生存相聚在天地间，保持着和谐的关系，是因为"聚以正也"，即万物按类别以正道相聚，所以能达成《中庸》中所说的"并育而不相害"。万物虽种类不尽相同，但也能相辅相成，互相依赖，相互制约，保持平衡，和谐共处。所以《周易》中讲："观其所聚，而天地万物之情可见矣"，只要人们能看到万物这种共聚相处之道，那么天地之间万物所有情况就可知道。

2. 人与自然的和谐

人与自然的和谐表现在人与自然的协调并济，其一是"天人合德"。《周易》中讲"夫大人者，与天地合其德，与日月合其明，与四时合其序，与鬼神合其吉凶，先天而天弗违，后天而奉天时"，强调人的内在价值与自然价值的统一。"天人合德"就会出现这样的景象："大哉乾元，万物资始，乃统天。云行雨施，品物流形。大明始终，六位时成，时乘六龙以御天。乾道变化，各正性命，保合太和，乃利贞。首出庶物，万国咸宁。"意思是，乾元之气是万物赖以创始化生的动力源泉，这种动力是生生不息的，贯穿于天道运行的整个过程之中，乾元之气在阴气的配合下，云化为雨从天而降，万物受其滋润，茁壮成长为各种品类且畅达亨通。天道变化遵循由始到终的顺序发展，表现出不同的方式。在这个变化中，万物各得其性命之正。天所赋为命，物所受为性，成就各自的品性，万物由此而具有各自的禀赋，表现出千差万别，呈现为一幅生生不息，生机盎然，仪态万千，丰富多彩的自然世界。产生这样的景象，这种繁荣而有序的和谐景象，主要是通过万物之间协调并济的相互作用形成的最高和谐，叫"太和"。而长久保持的"太和"使万物各得其性命的自全，达到"利贞"，如果能这样，人类在物资生产方面，因自然界的"生生不息"可以"首出庶物"；形成资源丰富、生产发展、经济繁荣的景象，而社会在政治和秩序方面可以达到"万国咸宁"，实现政通人和，天下太平。这就是《周易》中"天人合德"的理想景象。其二是"乃顺承天"。主要强调人应当遵守自然规律，人的生存和发展必须顺应自然，人道顺应天道，在这方面，《周易》中讲道："至哉坤元，万物滋生，乃顺承天，坤厚载物，德合无疆，含弘光大，品物咸亨。”这是说人类的生产生活等活动，只有尊重自然的规律，按规律办事，只有顺应自然、不打破天地之间的平衡，不破坏自然生态的平衡，人们才能获得丰收和繁荣。

道家在天人关系上，也主张“天人合一”。老子提出：“人法地，地法天，天法道，道法自然。”意思是，人是以地的法则运行，地是以天的法则运行，天是以道的法则运行，道是以自然的法则运行。这里所说的“天”，就是指自然界。在道家看来，“天人合一”是自然万物各自保持其差异性的同时的融合。在道家的思想中，指出要遵守和保护天与人各自的生存方式和生存的权利，这是保持生物多样性的基本前提，任何破坏自然的行为所导致的人与自然关系的恶化，都是道家所坚决反对的。只要严格按照自然规律办事，就能做到趋利避害、逢凶化吉，而违背了自然规律，就会遭到大自然的惩罚。

“天人合一，和谐为美”的思想充分显示出我国古代传统文化思想对人与自然关系的深刻认识，为生态文明思想的进一步发展奠定了坚实的哲学基础。在今天，这一思想仍然有着重要的意义和价值，有助于推动我国生态文明建设的发展和进步。

（二）众生平等，物无贵贱

儒家的思想核心是“仁”和“义”。认为人与自然同处在一个动态平衡的有机整体中，人的高尚品德应与自然规律保持一致。从精神层面将“仁”的道德规范从人类社会扩展到自然万物，表现对自然万物的热爱。孟子说：“君子之于万物也，爱之而弗仁。于民也，仁之而弗亲。亲亲而仁民，仁民而爱物。”孟子认为人有善性的一面，这种善性就是人常说的“恻隐之心”，即“人皆有不忍之心”，主张将人之不忍的“善心”不仅施于人，而且要施于万物。人不仅仅是生命的简单存在，更是道德、情感和责任的存在。所以在亲民的同时要仁民、爱民，在仁民的同时要爱物，把人文的关怀施于自然万物，认为人与自然虽有区别，但他们浑然于一体，二者相互依存，共生共荣，主张将人类的道德观念由人及物，将人类道德关怀的对象由人类社会扩展到自然万物，这不仅是人的义务，更是一种道德上的责任。

与儒家的“仁”“仁爱”相比，道家看重的是自然的“道”。“道”和“德”是道家思想的核心。老子讲：“故道大、天大、地大、人亦大。域中有四大，而人居其一焉。”他认为天、地、人和道都是自然生态系统的组成部分，本源性是同出于一，即“道生一、一生二、二生三、三生万物。”即出自同源，所以天、地、人、道4个都是平等的，也是同样尊贵的。虽然人与自然万物的形态和本性千差万别，而且人是有改造自然的能力和智慧，但不能依此成为区分万物高低贵贱的依据，更不能成为人类恣意妄为的理由。道家认为人类有辅助万物成长的责任，因为人是有这方面的能力和智慧，这就是老子称的“玄德”。老子说：“道生之，德畜之……生而不有，为而不恃，长而不宰，是谓玄德。”他认为是道生万物，德育万物，虽化生万物但不据为己有，施恩万物而不自恃有功，养育万物而不主宰万物，这样的高尚道德就是“玄德”。老子认为有玄德的人，才能真正体现“天道”，成就万物就是成就人类自己。

人类拥有思维和意识是人类摆脱蒙昧进入文明的标志，但有时人类的智慧反而使人有了私欲，而私欲的无限膨胀和贪婪的奢望无法得到满足之间的矛盾又使人陷入痛苦的深渊。人类无节制地占有和浪费，这种“厚生”造成自然资源的不断消耗，环境的恶化，使得一些自然生命被肆意残杀而失去生命。使物种灭绝速度加快，必然造成生物多样性的减少和生态的“失衡”，其后果只能由人类自己来承受。由此可见道家在对待生命问题上，就是平等而善待，只有这样才能避免生态系统的恶化，实现人与自然和谐相处。

庄子曾用“物无贵贱”表达他的生态爱护观，并说：“鱼处水而生，人处水而死，彼必相与异，其好恶故异也。故先圣不一其能，不同其事。”这是说，万物本源上具有同一性，人与万物是平等的，同样尊贵的。虽然有千差万别的外部形状，但从自然生态系统的整体观上，职能不同，贡献不同，但都重要，都不可缺少，所以物无贵贱，而由人类“自贵而相贱”的等级划分只是人类的主观产物，是不能成立的。另外，庄子还以“至德之世”描绘了美好的人间，“万物群生，连属其乡；禽兽成群，草木逐长。是故禽兽可系羁而游，鸟鹊之巢可攀援而窥。夫至德之世，同与禽兽居，族与万物并。恶乎知君子小人哉！同乎无知，其德不离；同乎无欲，是谓素朴，素朴而民性得矣”。由此可以领略庄子的生态思想。保全自然界生物的多样性，创造一个有活力的生态环境——“万物群生，连属其乡，禽兽成群，草木逐长”；人类把自然看作是朋友——“同与禽兽居，族与万物并”。人类只有以大爱之情保护自然万物，与自然万物和谐共处，协同进化，才能与自然协同发展，共生共荣，才能享受自然之美，体验生命之乐。

（三）知足知止，节以制度

唐代陆贽讲：“地力之生物有大数，人力之成物有大限，取之有节，用之有度，则常足；取之无度，用之无节，则常不足。”在人类的生产力水平还十分低下，对自然界的利用水平还十分有限的情况下，还没有什么“生态危机”的概念，但中国古人对自然资源的有限性，以及人类对资源的利用合理性的论述，如此洞见底蕴，显示了先哲们的高瞻远瞩和聪明智慧。

儒家的“仁”，不仅在价值观上要求人应具有高尚的品德，应当关爱他人，关爱生命，还要求在具体现实中不要过度追求物质上的享受。“子钓而不纲，弋不射宿”，主张钓鱼而不用网去捕杀鱼类，不用带绳子的箭去射杀巢中的鸟类，以保护物种的繁衍生息。在孔子的年代，人类的狩猎和采集活动是人类生活必需品的主要获取方式，是人类生存的必须手段，不可能完全做到禁猎。所以孔子并没有说完全不杀，但却主张“取之有度”。这显然是一种资源保护意识和可持续发展的意识。孔子把节约作为君子的美德，认为“君子惠而不费”，认为有道德的人，生活讲求实惠实用，而不应过度追求和破费。

道家同样也主张节约而反对奢侈浪费。老子讲：“甚爱必大费，多藏必厚亡。故知足不辱，知止不殆，可以长久。”他主张知足知止地对待事物和爱护资源，确保事情顺应自然规律发展，使自然资源用之不竭。“知足”，是要讲限度、重规律、懂满足，不能随心所欲、为所欲为、贪得无厌。“祸莫大于不知足，咎莫大于欲得。故知足之足，常足矣。”不知满足，定招灾祸，最大的过失莫过于贪得的欲望，安于所得，知足才能避灾免祸。“知止”，即认识和把握事物的限度，知道何时该停止做某事。人只有“知足”，才能“知止”。凡事应顺应自然无为之道，尽心力去作为，不要妄为，知足常乐。

庄子继承老子知止知足的思想，提出：“其民愚而朴，少私而寡欲”，意思只有保持淳厚而朴素的品质，人能在生活上减少私心，放弃欲望。庄子通过观察自然界生物的生活情况，得出任何生命的需求都是有一定的限度的，“鹪鹩巢于深林，不过一枝；偃鼠饮河，不过满腹”，

鸟儿在森林中筑巢，也只不过占树的一枝而已，不可能把整个森林的树都占满；动物饮水，也只不过饮饱为止，最多只有腹腔的容积那么大，不会把河水喝干。人类也是一样，正常的生命需求也是有限的，过度的物质占有和奢侈，并不是生命所必需的，而是人的虚荣也和私欲所为。

“知足知止，节以制度”，人们要倡导节约适度、绿色低碳的生活方式，拒绝奢侈和浪费，形成文明健康的生活风尚；增强节约意识、环保意识、生态意识，培养生态道德，让天蓝地绿水清深入人心，让生态文明思想成为社会生活中的主流思想。

二、习近平生态文明思想

伟大的时代产生伟大的理论，伟大的理论引领伟大的时代。党的十八大以来，以习近平同志为核心的党中央从中华民族永续发展的高度出发，深刻把握生态文明建设在新时代中国特色社会主义事业中的重要地位和战略意义，大力推动生态文明理论创新、实践创新、制度创新，创造性提出一系列富有中国特色、体现时代精神、引领人类文明发展进步的新理念新思想新战略，形成了习近平生态文明思想，高高举起了新时代生态文明建设的思想旗帜，为新时代我国生态文明建设提供了根本遵循和行动指南。

习近平生态文明思想是习近平新时代中国特色社会主义思想的重要组成部分，是社会主义生态文明建设理论创新成果和实践创新成果的集大成，是一个系统完整、逻辑严密、内涵丰富、博大精深的科学体系，标志着我们党对社会主义生态文明建设的规律性认识达到新的高度。

习近平生态文明思想内涵丰富、博大精深，蕴含着丰富的马克思主义立场、观点和方法，包含着一系列具有原创性、时代性、指导性的重大思想观点，就其主要方面来讲，集中体现为“十个坚持”:坚持党对生态文明建设的全面领导;坚持生态兴则文明兴;坚持人与自然和谐共生;坚持绿水青山就是金山银山;坚持良好生态环境是最普惠的民生福祉;坚持绿色发展是发展观的深刻革命;坚持统筹山水林田湖草沙系统治理;坚持用最严格制度最严密法治保护生态环境;坚持把建设美丽中国转化为全体人民自觉行动;坚持共谋全球生态文明建设之路。

习近平生态文明思想基于历史、立足当下、面向全球、着眼未来。新时代，在实现中华民族伟大复兴的历史进程中，推进生态文明建设的使命更加光荣、责任更加重大、任务更加艰巨。必须坚定不移用习近平生态文明思想武装头脑、指导实践、推动工作。

第二节　生态文明观念

扫一扫 学一学

一、生态文明观念概述

（一）生态文明观念的含义

生态文明观念是生态文明精神成果的一种，是对人类生态文明的主观反映和理性提升。

人类从原始文明、农业文明、工业文明走进生态文明，必须超越原始文明时代人与自然混沌同一性意识，必须超越农业文明时代过分强调人与自然的统一，最终压抑了人的创造才能和本质力量的自然人文主义，必须超越工业文明时代一切以人类的利益和价值为中心，以人为根本尺度去评价和安排整个世界的、包括科技人文主义在内的人类中心主义，从而牢固树立生态文明观念。

生态文明观念是生态世界观、生态价值观和生态伦理观的统一，是生态规律（真）、生态伦理（善）和生态美（美）的统一。其中生态世界观是生态文明观念的核心和灵魂。生态世界观观点有：第一，世界是由互相联系的复杂网络组成的有机整体，那种认为我们与世界仅仅存在着外在的相互作用的观点是错误的。第二，世界是变化着的有秩序的整体，这种有序是系统内部的力量和环境影响的外部力量形成的一种动态平衡的形式。第三，人类的价值和意义也包含在自然整体的自组织进化过程之中，人类只有与自然协同进化，才能不断开拓人类生活的深远意义。

（二）生态文明观念的具体内容

在生态世界观的指导下，适应生态文明建设的要求，人们的生态文明观念应包括以下几个方面的内容。

1. 人与环境和谐发展的观念

在这一观念的引领下，人们要实现人与自然、人与社会、人与自身的协调发展。在自然生态环境方面，和谐意味着人与自然生物的共生共荣；在社会生态环境方面，和谐意味着个人与社会共同发展；在自身协调方面，和谐意味着自身素质与社会要求的相互匹配和与时俱进。

2. 整体性的观念

人类所处的生存空间是“自然—经济—社会—技术”复合生态系统，整体性是其根本特性。整体性观念要求人们运用整体性思维说明生命现象、社会现象以及它们的发展变化，在规范自身行为时应充分考虑当事者、考虑自然与社会、考虑当代与未来、考虑整体与系统，坚决杜绝急功近利、麻木不仁、盲目莽撞的行为。

3. 社会生态责任的观念

生态文明建设要求人们超越人类中心主义，肩负起对社会、经济可持续发展的责任，维护稳定和谐的责任，保护自然生态平衡的责任，保护社会生态环境的责任，成为负有社会责任的人，即以追求社会公平、社会安全、社会稳定、社会公益、社会保障等目标的实现为己任的人。

4. 综合效益的观念

传统的以经济效益为单一追求的效益观念，往往使人们的行为具有片面性，不符合“自然—经济—社会—技术”复合生态系统的要求。综合效益的观念所追求的是系统整体效益，是经济效益、社会效益和生态效益的统一，是现时效益和未来效益的统一。

5. 生态安全的观念

生态安全包括自然生态安全和社会生态安全两部分。环境污染、生物多样性丧失、土地沙化是典型的自然生态安全问题。生态安全观念要求人们在进行行为决策时，要将生态安全置于首位，凡是不利于生态安全的事情坚决不做，同时高度重视生态安全不确定性所引起的风险，以确保万无一失。

6. 公平与正义的观念

这一观念要求人们维持人类代际内的利益公平、代际间的利益公正，实现“人—自然”公正，要求人类有意识地控制自己的行为，合理地控制利用改造自然界的程度，维护生态系统的完整稳定，保护生物多样性。

7. 共赢竞争的观念

共赢竞争不等同于双赢竞争。在自然生态系统中，竞争中的最大赢家并不是竞争的双方，而是整体的生态系统。竞争使系统更加繁荣、稳定与和谐。不制造失败者是共赢竞争的一项基本原则，“三方竞争”是共赢竞争的一个显著特色，这第三方指的是直接竞争的双方通过竞争产生的外部性影响者。只有共赢，才能保证生态安全，才能维持公平与正义，才能实现整体的综合效益最大化。

生态文明观念无论是作为生态文明的精神成果，还是作为相对于社会存在的社会意识，都具有其主观能动性。这种主观能动性至少具有两个方面的特殊性。一是社会性，指的是牢固树立生态文明观念能够有利于塑造全社会的共同理想，从而凝聚全社会的群体或集体力量。二是渗透性，指的是生态文明观念能够使生态文明的精神和原则渗透于物质文明、精神文明、政治文明建设，从而促进社会的良性运行和协调发展，引领人的全面发展。

二、生态文明观念与人的全面发展

（一）考察人的全面发展的“两个统一”原则

马克思主义认为人的发展即人的本质力量的发展，其内涵主要包括人的能力的充分发展、人的社会关系的全面丰富和人的个性的充分发展。马克思在论述人的全面发展时，始终坚持“两个统一”的原则。马克思、恩格斯指出，每个人的自由发展是一切人的自由发展和发挥他的全部才能和力量，并且不会因此而危及这个社会的基本条件。这些论述表明了“两个统一”原则的内容：一是“每个人”的发展与“一切人”发展的统一，二是人的发展和社会发展的统一。这“两个统一”原则是考察人的发展的前提性条件。坚持这个前提能够发现，以全面发展为目标，人的能力的最基本的规定应该是具有社会性质的能力。而这种能力并不是单方面地体现在人的交往实践层面，而是同时包括形成全面的观念关系这个层面；也并不是单向性地体现在人控制社会关系的能力，而是自我调整与控制社会关系的统一，统一的标准就是人、自然和社会的和谐共存、协同进化。仅仅具备这一能力，并不是实现人的自由全面发展，但是没有这一能力，就根本谈不上人的全面发展。

生态文明观念因强调人、自然和社会的和谐共存、协同进化，因而从本质上说，就是符合“两个统一”原则。

（二）人的发展的阶段性和生态文明观念的引领作用

马克思从哲学、政治经济学和科学社会主义3个角度考察了人的发展问题，认为随着社会三大形态的发展，人的发展也有三个阶段，即原始完整的人、片面独立的人和全面自由的人。在社会主义社会里，人的发展是指人的各方面素质（包括智力、道德、身体、心理等素质）的提高，并且通过这些方面的发展，推动社会进步。

生态文明观念对人的发展具有积极的引领作用，使人在以全面发展为目标的发展过程中，不断开拓新境界，实现“量变中的部分质变”。这种引领作用主要表现在以下几个方面。

1. 思维品质进入新境界

生态世界观作为生态文明观念的重要内容，使人摒弃了混沌同一性意识、人类中心意识等传统思维定势，逐步养成了系统的、长远的、和谐的、进化的思维习惯。在行为取向上，既求“真”，又求“善”，还求“美”。从一般意义上说，思维决定思路，思路决定出路。在生态文明建设中，生态文明观念引领人的思维进入更高层次的新境界，进而促进人的能力进一步发展，促进人的社会关系进一步丰富，促进人的个性进一步提升。

2. 求“真”能力发展方面进入新境界

在生态文明建设实践中，生态文明观念使人们以创造良好的生态环境为目标，自觉而现实地承认和尊重自然界的客观独立性，尽最大努力正确认识、理解和掌握自然的本质、属性及其发展规律，并按照发展规律的要求去改造自然界，去进行对象化的实践活动。人们只有在生态文明观念的引领下，才能合理而有效地改造自然，并使自己的目的、愿望等本质力量顺利地实现，从而体现出人与自然的全面关系。

3. 求“善”的自觉性方面进入新境界

在生态文明建设实践中，生态文明观念使人们充分认识到人是社会存在物，人们必须有社会生态责任感，人的目的、愿望的实现和利益的满足，必须符合社会的规范，并利用社会公认的“合适”“合理”“正当”的方式，对社会的良性运行和协调发展，对绝大多数人产生积极的影响。从这个意义上说，人们的生态文明观念是爱国主义、社会主义、集体主义素质的应有底蕴，是国际化意识、全球化观念的应有之义。在生态文明观念的引领下，人们求“善”自觉性的境界提高，是人们具有社会性质的能力的提升，是在生态文明观念引领下，人在追求全面发展的过程中“量变中的部分质变”的显著标志。

三、树立生态文明观念的必要性和重要性

（一）树立正确的生态文明观念是进行生态文明建设的重要思想基础

生态文明观念的培养是在马克思主义生态观的指导下，遵循人与自然的发展规律而形成的新的观念，它的树立和强化保障了生态文明建设的顺利进行，开辟了中华文明的新境界。

生态文明建设的核心是处理好人与自然的关系，建立正确的生态文明观念。生态文明观念是人们在尊重人与自然和谐发展的基础上而形成的一系列的观念、行为规范和社会活动方式，是一个国家社会软实力的重要标志之一，是生态文明建设得以顺利进行的重要思想基础。先进的生态文明观念是价值取向，是实现生态经济、建设生态制度、维护生态安全、构建生态环境的思想前提。

在当今时代，生态文明建设已经成为我国经济社会发展的首要任务之一。想要生态文明建设顺利发展，需要每个人转变原有的价值观和发展观，树立与生态文明建设相适应的观念，更加积极地保护生态，因此树立正确的生态文明观念是进行生态文明建设的重要内容。

（二）树立正确的生态文明观念是对错误观念的有力驳斥

事物发展的过程是曲折的，每一项事业进行的过程中总是会出现很多否定的声音，生态文明建设也是如此。

有一种观点认为我国现在进行的生态文明建设等同于社会的“原生态”，这是一种倒退的观念。进行生态文明建设是历史的进步，而将希望寄托于回到过去的那种与世隔绝的自然的绝对“原生态”是不现实的。生态文明建设不是对自然不作为，而是一种更高形态的文明，是人与自然关系更加和谐的文明。按照启蒙学者和马克思主义创始人的观点，一个和谐的社会必然是与生态文明而不是与工业文明联系在一起的，因为和谐社会的基本标志是实现人与自然的和谐相处。所以，将生态文明等同于不作为的“原生态”的说法是错误的。

还有一种观点认为，我国现在还处在以经济发展为中心的阶段，没有多余的精力进行生态文明建设，认为生态问题会在以后的发展中自然而然地解决，认为在经济快速发展的阶段，生态问题的出现是不可避免的，这种消极的观念是不可取的。还有些人认为，为了进行生态文明建设，必须在各个方面限制资本的发展，从而降低经济发展对自然环境的破坏，这无疑是一种错误的思想观念。生态文明建设与发展经济并不冲突，我国发展社会主义市场经济，不仅仅是为了追求利益本身，更是为了直接服务于广大的人民群众，我们要做的是在发展经济的过程中，尽力避免市场主体在发展过程中的盲目性和单纯追求经济的错误观念。

（三）树立正确的生态文明观念是当前发展的迫切要求

树立正确的生态文明观念需要树立正确的价值观、消费观和发展观。我国在发展社会主义市场经济的过程中，片面注重经济效益，忽视人与自然的和谐发展，导致了对自然的过度索取，生态环境日益恶化。树立正确的生态文明观念要求我们必须转变过去的“向自然宣战”，

转向如何处理好与自然的关系，转变过去把增长简单地看作发展的想法，形成正确的政绩观，不能以GDP论英雄。人们受社会主义市场经济快速发展的影响，消费欲望膨胀，高消费意味着高浪费，即意味着需要向自然索取更多资源以满足人们的要求；企业在发展的过程中也是如此，唯利益至上而忽略了在发展的过程中要保护自然。这些错误的观念都需要改变，要树立正确的生态伦理观，如果放纵这样的观念的滋生，则生态文明建设难以更好地落实。所以，树立正确的生态文明观念是我们当前发展的迫切要求。

四、让生态文明观念深入人心

生态文明观念是从人与自然的整体优化发展角度来看待人类社会发展的一种观念，在价值取向上强调人与自然的平等、共生与互利关系，并以此来规范人们的行为方式，实现人与自然的良性循环与和谐发展。具体而言，可以从以下两个方面树立生态文明观念。

（一）正确认识人与自然的关系

一方面，人与自然是相互依存、共生共荣的生命共同体。人离不开自然，自然界为人类的生存提供了基本栖息地，为人类的物质生产活动提供了基本场所，为人类的发展提供了广阔的空间；同时，自然界离不开人的存在，人是自然界的一部分，人的实践活动使“自在自然”（指未经人类活动所改变的自然）向一种带有人类实践烙印的“人化自然”转变，成为一种具有实践性、历史性和社会性的自然。另一方面，自然的发展和人的发展又相互影响、相互制约，人对自然的任何改造都会直接或间接作用于人类，如果人类在尊重自然规律的基础上合理利用和改造自然，必将实现人与自然的永续发展；反之，若违背自然规律，人类对自然的伤害最终会伤及自身。因此，我们要树立尊重自然、顺应自然和保护自然的生态文明观，增强保护自然和维持生态平衡的行为自觉意识。

（二）加强生态道德教育

生态道德是指人类在处理人与自然关系上所应遵循的行为准则和规范，它将人类的道德从人与人、人与社会的关系扩展到人与自然的关系，反映了人对自然界和人类社会应承担的责任和应履行的义务。生态道德教育是一种新的德育观念，它通过对人们进行生态责任教育、理性消费教育和可持续发展观教育等，唤醒人们的生态良知，增强人们的生态责任感，培养人们爱护自然环境和生态系统的生态保护意识，从而实现人、自然与社会的和谐发展。

第三节　生态文明态度

生态文明建设需要全社会的共同努力，而大学生作为未来社会发展的生力军，在生态文明建设中肩负着重要的责任。大学生只有具有正确的生态文明态度，并将其转化为自身的行为规范，同时，争做生态文明理念的宣传者、生态文明建设的参与者和生态文明行动的示范者，生态文明建设才能更好地实现。

一、培育生态文明素养

21 世纪是生态文明的时代，“环境与发展”成为继 20 世纪“战争与和平”之后最突出、最紧迫、关系到人类未来生死存亡的全球性问题。“环保”“生态”“绿色”“低碳”已经成为普世性的时尚理念和热门话题，生态文明的呼声日趋高涨。各国政府、各种国际政治经济组织和各国有识之士，纷纷将生态环保问题放在议事日程的重要地位，并与更广泛的政治经济目标结合。新的社会形态需要大学提供与之相匹配的人才队伍，在生态文明日益成为人类共同追求的新时代，培育大学生生态文明素养不仅是生态文明建设的重要组成部分，也是当代大学生综合素质的必要内容。

大学生生态文明素养状况的好坏，将直接影响我国生态文明建设的效果和未来生态文明的实现程度。虽然大学生身处校园，但他们也是社会生活中的重要成员，而且具有引领时代潮流的特质，其言其性，都会对青年一代乃至社会产生较大的影响。大学生也是未来社会的建设者，将成为我国社会主义现代化建设各条战线的骨干力量，是我国能否实现生活富裕、环境良好、人民幸福的重要因素。具有生态文明素养的人，必须在实践中以生态学基本规律为指导，凭借科学的价值观评估环境问题，并具有利用生态知识和生态思维方式思考和解决人与自然之间的矛盾的能力，既满足当代人类生存与发展的各种需求，又不对人类及其子孙后代的生存与发展构成威胁。大学生是青年中的重要群体和社会力量，在具备生态文明的基本素养后，其行为将渗透到社会生活的方方面面，也必将有力地推动我国的生态文明建设。大学生生态文明素养的培育，直接影响着其现在及未来在经济发展和社会生活中对待生态环境的态度和行为，影响着“美丽中国”美好愿景的实现，决定着生态文明建设事业的成败。

（一）树立环境道德新理念

生态文明是一个现代文明概念，需要提升到环境道德层面影响个体思想意识。生态文明要求社会全员必须树立尊重自然、顺应自然、保护自然的生态文明新理念，树立人与自然和谐相处的价值观，保持国际代际公平的思想，平等、友善地处理与自然环境的关系，敬畏自然，呵护环境。

大学生树立环境道德新理念应从以下 3 个方面入手。

首先，要认识到人类的生存和发展离不开良好的生态环境。良好的生态环境既是人类生存之本，也是人类保持身心健康，获得高质量生活的重要条件。

其次，要主动维护生态平衡，要珍惜与善待生命，特别是要保护珍稀濒危动植物。

最后，要向各行各业的生态文明道德模范学习，争做新时代守护绿水青山的生态卫士。

（二）丰富生态环保新知识

知识是一个人素养的重要构成内容。作为新时代的大学生，一定要适应时代发展的需要，主动、积极地学习和掌握与生态文明相关的基础知识和专业知识，包括日常生活中的环保知识、环境科学方面的知识、环保法律法规知识等，不断提升生态文明知识素养。

（三）适应生态环保新要求

生态文明建设纳入“五位一体”总体布局，生态文明理念逐渐上升为统筹谋划解决环境与发展问题的重大理论，推进生态文明，建设美丽中国，从党的主张变为国家意志、法律规定，从政府行为变为全民行动，公众参与环境保护的积极性不断提升，人们从来没有像今天这样关注生态环境，也从来没有像今天这样期待良好的生态环境。作为新时期的大学生，要树立强烈的生态文明责任意识，像保护眼睛一样保护生态环境，像对待生命一样对待生态环境。在日常生活中积极参加社会、学校组织的各种生态文明实践活动，加深对生态文明的理解，增强分析和处理生态问题的能力，提高生态文明素养，适应生态环保新要求。

（四）塑造生态环保新人格

生态文明建设要求全社会牢固树立生态文明观念，塑造与之匹配的新型人格范式——生态人格。生态人格的确立，实质上包含了法权、道德和心理人格的整体生态化转型，使之获得生态内涵。这种人格不仅要求人们形成生态化的思维方式和价值观，还要求人们在追求自我道德和心理完善的过程中致力于实现自我人格与生态环境的和谐统一，并在生活实践中自觉地成为维护生态环境的责任主体。塑造生态环保新人格，使得人类社会与自然生态共生、整生，体会其超然的生态美感境界，最终实现人与生态的全面发展。

二、规范生态文明行为

生态文明建设不仅要根植在意识里，更要落实到行动中，每一位公民都不能置身事外。《公民生态环境行为调查报告（2021 年）》显示，当前，公众普遍具备较强的环境责任意识和行为意愿，半数以上的受访者认为自己具备践行环境行为的基本能力、资源和机会，但对如何更多地采取环境行为缺乏了解，72.3% 的受访者认同“我希望采取更多环保行为，但是不知该做什么”。

调查报告还显示，公众生态环境行为表现一般的领域是“践行绿色消费”(约半数受访者能够优先选择较为低碳环保的食品、衣物和电器)、“分类投放垃圾”（半数以上的受访者能够按要求分类投放各类生活垃圾）、“参加环保实践”（46.6% 的受访者曾劝阻过他人破坏环境的行为，一到二成受访者曾为环保活动捐款、参加政府举办的意见征求活动）和“参与监督举报”。

在消费方面，多数人能在食品、服装、电子产品方面做到适度消费，但也存在不同程度的浪费现象。17.3% 的受访者“家中食品经常因为过期而被丢弃”，12.6% 的受访者“经常购买很多衣服、鞋子却不常穿”，8.2% 的受访者“在旧的电子产品还能正常使用的情况下就会更换新款”。

由此可见，在生态文明行为方面，全社会都应更加努力。特别是对大学生来说，作为国家未来的栋梁，大学生在学校已经学习了大量的生态文明知识，但更重要的是要用生态文明相关知识武装头脑，充实思想，将其转化为实际行动，成为其他人的表率。“知行合一”对大学生来说具有积极的指导意义和现实价值。

案例点评

敢为天下先，青山变金山

21 世纪初，林业发展面临“乱砍滥伐难制止、林火扑救难动员、造林育林难投入、林业产业难发展、望着青山难收益”五大难题是全国农村林区的普遍困境。为破解“五难”困境，2001 年 6 月龙岩市武平县以捷文村（图 3-1）为试点，开启了一场自我革命，在全国率先开展以“明晰产权、放活经营权、落实处置权、确保收益权”为主要内容的集体林权制度改革。在当时，试点做法既没有先例可循，更没有上级文件依据，全县上下压力巨大。在这关键时刻，2002 年 6 月，时任福建省省长的习近平同志到武平调研，毅然作出“集体林权制度要像家庭联产承包责任制那样从山下转到山上”的重大决定，并在现场作出指示，“林改的方向是对的，要脚踏实地向前推进，让老百姓真正受益”，为武平林改一锤定音。随后，武平林改实践模式逐步推向福建全省，进而上升为国家决策，后来被形象地称为林改“武平经验”。武平县，也由此被誉为“全国林改第一县”。

图 3-1 全国林改策源地——武平捷文村

武平集体林权改革并不是一蹴而就的，而是习近平同志对林权制度改革的再三调研，对形势的正确判断、对土地整治属性的深刻理解和对“民有所呼，我有所应”的历史担当的结果。从“落实四权”到“三个率先”，再到实现“绿水青山就是金山银山”的“两山统一”，林权制度改革持续为全国林改探路、拓路。

（一）先行先试，落实“四权”探新路

1. 尊重林农意愿，明晰产权

在保持林地所有权集体所有的前提下，将集体林地使用权和林木所有权以家庭承包、招标或协议等形式转让给本村农户，确定农民作为林地承包经营权的主体地位，建立“产权明晰、职责明确、依法经营、科学管理”的集体林权经营管理新机制和“县直接领导、乡（镇）组织、村具体操作、部门搞好服务”的工作机制，摸索出“因地划分、因树作价、优劣搭配、数量平衡、现金找补、随机抓阄”等群众普遍认可的“分山”办法，把集体林木所有权和林地使用权明晰到户。

2. 推行分类经营，放活经营权

实行商品林、公益林分类经营管理，分别实施改革。对已分配到户的集体商品林，允许农民依法自主决定经营方向和经营模式，引导林农走森林资源流转、规模化联合经营路子；对仍由村集体统一管理的生态公益林，坚持林地、林木产权不变，把管护权落实到户，及时兑现补助金，并在不破坏生态功能的前提下，积极引导林农利用良好的生态环境和林下空间，发展林下经济，切实增加林农收入。

3. 坚持自主放权，落实处置权

坚持限额采伐基本原则，根据林农经营目标需求，进一步改革采伐管理制度，落实林农对商品林的采伐自主权，科学调度采伐。允许林农在不改变林地用途的前提下，依法对其所拥有的林地承包经营权和林木所有权以转包、出租、转让、抵押及股份合作等多种形式自行处置，充分开发利用。

4. 跟进配套服务，确保收益权

坚持实行“多予、少取、放活”的原则，鼓励林农通过养山就业、管护劳动、保护生态、以股获利等方式增加收益，从“靠山吃山”转向“靠山护山、靠山养山、靠山富山”。同时取消了林业养路费、乡镇服务费、林业建设保护费、维简费、特产税等收费项目，实行育林基金零计征，有效提高林农爱林护林育林积极性，最大限度保障林农权益。

（二）探索深化，“三个率先”破难题

1. 围绕如何盘活林农资产，率先实施林业金融体制改革

为加快解决“评估难、担保难、收储难、流转难、贷款难”新“五难”问题，2004 年 6 月，武平县在全国率先开展“林权抵押贷款”试点工作，激发林业发展新活力；2013 年 7 月，在全省率先开展林权直接抵押贷款；2015 年 10 月，在全省率先开展林权抵押贷款村级担保合作社担保模式；2017 年 7 月，在全国率先推出“普惠金融 · 惠林卡”金融新产品，作为可复制的经验向全国推广。“普惠金融 · 惠林卡”授信三年、循环使用、利率优惠，授信额度最高可达 30 万元。2018 年 3 月，武平县人民政府出台《武平县“绿色发展”保证保险贷款业务管理办法（试行）》，继续做好林权直接抵押贷款、村级担保合作社、“普惠金融 · 惠林卡”在全县的推广工作。

2. 围绕如何让待砍伐商品林变身“绿色不动产”，率先探索重点生态区位商品林赎买机制

2009 年，武平县率先将县城饮用水源地商品林划为县级生态公益林，并以租赁形式进行赎买，为 2015 年福建在全国率先开展重点生态区位商品林赎买改革提供了借鉴。2015 年，武平县被列为全省首批重点生态区位商品林赎买试点县。随后，武平县将县城及乡镇饮用水源林、城区公园、国省道一重山等列为赎买重点，通过赎买、租赁、置换、入股、合作经营等多种改革方式，让原本待砍伐的商品林，变身为清新武平的“绿色不动产”，充分调动了林农护林育林积极性，实现了重点生态区位商品林保护与林农经济利益“互利双赢”。

3. 围绕如何做到“不砍树也致富”，率先探索“借”林扶贫机制

探索林下经济、生态旅游、林产品精深加工三大产业扶贫模式。坚持以“国家林下经济示范基地”建设项目为抓手，积极推广“龙头企业＋专业合作社＋基地＋农户”的运作模

式，出台专项政策重点扶持紫灵芝等产业发展，鼓励和引导农民大力发展林药、林花、林菌、林畜、林禽、林蜂、林游等林下经济，形成一批具有较大规模、较大潜力、较大辐射能力的林下经济示范基地。以建设国家首批全域旅游示范区为载体，以梁野山国家级自然保护区和中山河国家湿地公园千鹭湖景区为龙头，以环梁野山“五朵金花”为示范，大力发展森林旅游和乡村旅游，使之成为武平全域旅游差异化竞争的主要特色。全县现有“森林人家”100 家，总数居福建首位。2020 年，全县年接待游客 265 万人次，实现旅游收入 26.95 亿元。同时大力培育林业龙头企业，积极引导全县规模以上林产品加工企业加快技术改造。全县现有国家级林业重点龙头企业 1 家，省、市级林产品龙头企业 12 家。

（三）贯彻“绿水青山就是金山银山”发展理念，实现“生态美、百姓富”的有机统一

1. 坚持机制创新，林改破解新难题

武平以 2017 年 8 月被国家林业和草原局确定为国家集体林业综合改革试验示范区为新的起点，进一步深化林业综合改革。继建立生态区位商品林赎买和林业投融资体制机制后，围绕提升林业治理水平，健全覆盖县、乡的林权流转管理服务平台，全县林地经营权流转累计 16.4 万亩，占农户使用林地面积的 8.4%。2018 年完成生态林天然林管护机制改革，新聘护林员 458 名，由“乡聘、林业站管理、村级监管”模式改革为“村聘村用、乡村管理、林业站监督”模式。2019 年在县级设立护林站，乡镇设护林队长，与村级护林员构筑起全县森林资源管护立体防线。完善集中统一办理县级涉林行政审批机制，同时，将与群众密切相关的运输证、采伐证核发等林业行政许可事项直接下放到乡镇一级办理。健全涉林矛盾纠纷调解、涉林信访办理工作机制，减少山林纠纷，促进社会和谐。

2. 坚持生态优先，林改催生好生态

用心守护好武平的绿水青山，让良好的生态环境成为最普惠的民生福祉，成为最具优势的营商环境。实施林改以来，武平全县累计完成造林面积 81 万亩，超过林改前 25 年的总和，森林覆盖率提高到 79.7%。2019 年 12 月，中山河国家湿地公园提前一年通过国家林草局验收，成为“山水林田湖草是生命共同体”的生动样板。梁野山国家森林步道捷文段在全国首批规划的五条国家森林步道中率先建成开放。武平荣评首批国家全域旅游示范区、全国森林旅游示范县、首批国家森林康养基地、国家园林县城、第四批国家生态文明建设示范县、“中国天然氧吧”等荣誉称号，“来武平・我氧你”成为武平最响亮的城市宣传和旅游营销主题口号。

3. 坚持绿色发展，林改激发新动能

林改潜在地发动一个关键的变革齿轮，推动其他领域的改革，有力促进了武平的县域经济社会发展，印证了习近平同志“绿水青山就是金山银山”的科学论断。武平这个原先的贫困县，2020 年连续五年荣膺“福建省县域经济发展十佳县”，地区生产总值由 2002 年的 12.43 亿元提高到 2020 年的 273.38 亿元，增长了 21 倍，财政收入从 2002 年的 1.12 亿元提高到 2020 年的 14.88 亿元，增长了 12 倍。同时，林改提高了人民群众的幸福感、获得感和安全感。广大林农耕山有责、务林有利、致富有门，从“靠山吃山”向“靠山护山、靠山

养山、靠山富山”转变。林改，让林农脱贫致富，武平农村居民人均可支配收入由2002年的2 733元提高到2020年的1.92万元；林改，让社会和谐安定，武平获评“中国平安建设先进县”；林改，带来了社会风气的好转，2020年武平蝉联全国文明城市。

4. 坚持捷文示范，林改推动新发展

2018—2019年，武平县重点实施了捷文美丽乡村项目建设。2020年1月，捷文村被确定为全省践行习近平生态文明思想示范基地。围绕落实习近平总书记对捷文村群众来信的重要指示精神，按照省林业局和草原局统一部署，重点推进捷文林改森林特色小镇“五个一”项目，即一条连接县城到捷文村的“白改黑”道路、一个林下经济展示馆、一条紫灵芝种加销产业链、一条森林特色景观带、一个森林研学营地。在捷文村的示范带动下，一体推进环梁野山、环千鹭湖、环六甲水库等乡村振兴示范片建设，示范带动生态建设和乡村振兴。

（资料来源：https://fily.wenming.cn/gddt/20170927/t20170927_4786388.html）

经验与启示

（一）要让生态价值“立”起来

保护生态环境就是保护生产力，改善生态环境就是发展生产力。武平始终坚持“生态立县”发展战略，咬定“青山”不放松，持之以恒将之转化为全社会认同和遵循的共同价值理念和行动指南。从原来的贫困县蜕变到“十佳县”的背后，是始终坚持“绿水青山就是金山银山”，坚持产业生态化、生态产业化发展道路。这启示我们：绿水青山和金山银山绝不是对立的，关键在人，关键在思路。要坚决摒弃以牺牲生态环境换取一时经济增长的做法，让良好生态环境成为广大人民群众最大的福祉，成为经济社会持续健康发展最大的支撑。

（二）要让市场机制“活”起来

作为全国林改第一县，武平大胆解放思想，坚持以体制机制创新为突破口，先行先试，持续探索建立长效机制，在全国率先推出“普惠金融 · 惠林卡”，在全省率先推出林权“抵押+收储”担保贷款模式，创新重点生态区位商品林赎买机制，既提升生态环境治理能力，又使农民人均林业纯收入稳定增长，推动形成人与自然和谐共生发展新局面。这启示我们：要大胆改革创新，让市场在自然资源资产价值实现机制与配置机制中起决定性作用，用市场机制撬动全域生态补偿机制，用市场机制调动企业主体实现效益与环保双向协同、双向提升的内在积极性，推进生态产品的价值实现。

（三）要让产业经济“优”起来

产业优是壮大经济实力、全方位推动高质量发展超越的坚实支撑，也是经济发展“高素质”最直观、最核心的表现。武平坚持创新理念，立足资源禀赋、产业基础和比较优势，做大做强以产业生态化、生态产业化为主体的生态经济体系，构建低碳高效的绿色产业体系，使产业发展筑牢“里子”、撑起“面子”，坚持绿色“底色”。

（四）要让百姓腰包“鼓”起来

生态文明建设的最终落脚点，是人民群众的获得感和幸福感。保护生态环境、发展生态

经济，最终还要兑现生态福利。持续不断的改革，为武平这个传统农业大县注入了新活力，近年来武平农民人均可支配收入增速位于龙岩全市前列。这启示我们：要坚持把增强人民群众获得感的改革摆在突出位置，注重把“生态美”转化为“百姓富”，让老百姓真正受益。同时最大可能为老百姓提供优质生态产品，最大限度减少百姓身心健康资本支出、优质生活成本支出，让老百姓成为“绿色福利”的最大受益者，进而成为绿色发展的坚定践行者。

第四章

发展生态产业

本章导读

生态产业是指按照生态经济学原理和知识经济规律，以生态学理论为指导，基于生态系统承载能力，在社会生产活动中应用生态工程的方法，突出整体预防、生态效率、环境战略、全生命周期等重要概念，模拟自然生态系统，而建立的一种高效的产业体系。生态产业在产品投入、生产、产出、流通和消费的全过程中，具有“低碳、循环、高效”的核心特征，与低碳经济理论、循环经济理论等所倡导的思想基本一致。

传统产业只追求经济效益的最大化，并不在意环境的破坏和资源的浪费，在追求经济高速增长的过程中破坏了自然生态系统的平衡。生态产业在追求一定经济效益的前提下，也兼顾社会效益和生态效益，旨在实现包括生态效益、经济效益、社会效益的综合效益的最大化。发展生态产业是切实转变发展方式、促进经济社会发展全面绿色转型的具体表现，也是我国推动生态文明建设、促进人与自然和谐共生的生动实践。

学习目标

★知识目标

1. 了解生态农业的概念和特征。
2. 熟悉我国生态农业典型模式。
3. 了解绿色工业的概念和特征。
4. 了解现代林业的概念和特点。
5. 了解生态旅游的特点和功能。

★技能目标

1. 掌握发展生态产业的相关知识，做好宣传。
2. 在日常生活中做到环保。

★思政目标

1. 牢固树立生态文明观念。
2. 养成生态文明习惯。
3. 增强生态文明情感。

学习重点

了解发展生态产业对于生态文明建设的意义，牢固树立生态文明观念，在社会实践和个人生活中践行生态环保理念，掌握生态文明技能，养成生态文明习惯，做到知行合一。

第一节 生态农业

扫一扫 学一学

一、生态农业概述

（一）生态农业的含义

生态农业是指在保护、改善农业生态环境的前提下，遵循生态学、生态经济学规律，运用系统工程方法和现代科学技术，集约化经营的农业发展模式。生态农业是一个农业生态经济复合系统，将农业生态系统同农业经济系统综合统一起来，以取得最大的生态经济整体效益。它也是农、林、牧、副、渔各业综合起来的大农业，又是农业生产、加工、销售综合起来，适应市场经济发展的现代农业。

生态农业要求农业发展同其资源、环境及相关产业协调发展，强调因地、因时制宜，以便合理布局农业生产力，适应最佳生态环境，实现优质高产高效。生态农业能合理利用和增殖农业自然资源，重视提高太阳能的利用率和生物能的转换效率，使生物与环境之间得到最优化配置，并具有合理的农业生态经济结构，使生态与经济达到良性循环，增强抗御自然灾害的能力。

（二）生态农业的具体特征

生态农业不同于传统农业，是遵循生态学原理发展起来的一种新的生产体系，有以下几个基本特点。

1. 综合性

生态农业强调发挥农业生态系统的整体功能，要求按生态学和生态经济学规律进行调整，以大农业为出发点，按“整体、协调、循环、再生”的原则，全面规划、调整和优化农业结构，把种植业、养殖业、加工业、运销业组成综合农业经营体系，整体协调发展。一个生念系统内包括许多子系统，形成多层结构，而且在一定区域内可以实施以家庭为单元的生态户、以小流域为单元的生态村和较大范围的生态农业县；系统内也可在功能上分为种植业生产、养殖业生产和加工业生产等，使农、林、牧、副、渔各业和农村一、二、三产业综合发展，并使各业之间互相支持，相得益彰，提高综合生产能力。生态农业重视系统的协调，包括生物之间，生物和非生物环境之间，区域内森林、农田、草地之间，经济、技术、环境之间的有机配合，并重视农村和城市的发展协调。农业产业化经营就是协调性的具体体现。

2. 多样性

生态农业是建立在合理利用资源上的一种农业。生态农业针对我国地域辽阔，各地自然条件、资源基础、经济与社会发展水平差异较大的情况，充分吸收我国传统农业精华，结合现代科学技术，以多种生态模式、生态工程和丰富多彩的技术类型装备农业生产，使各区域都能扬长避短，充分发挥地区优势，各产业都根据社会需要与当地实际协调发展。

3. 高效性

生态农业通过物质循环、能量多层次综合利用和系列化深加工，实现经济增值，实行废弃物资源化利用，降低农业成本，提高效益，为农村大量剩余劳动力创造农业内部就业机会，保护农民从事农业的积极性。由于各子系统之间以及子系统与环境之间比较协调，资源被充分利用，物质循环再生，实行多种经营，合理施用化肥、农药，使生态农业系统整体生产优化，成本降低，产业链加长，安置劳动力增多，农民收入提高。在现代生态农业系统中，人们可以根据市场需求对系统内的生物品种结构、产品结构和产业结构进行调整；可以运用信息技术精确、及时地输入能量和物质，使系统的生产水平保持最佳状态；可以运用生物技术提高生物转化率和生物产品的利用率，提高生产效率。

4. 稳定性

生态农业系统是优化了的良性循环的农业生态系统。其内部组成与结构复杂，具有较强的抵御外界干扰的缓冲能力，因此，系统本身在外界干扰的情况下，仍然能够稳定地发展。

5. 有机性

生态农业强调重视充分利用生态农业内部的资源和能量，尽量减少对外来投入的依赖，提高使用有机肥和注重农业病虫害的生物防治，以减轻农用化学物质对生态环境的污染与破坏。

6. 持续性

发展生态农业能够保护和改善生态环境，防治污染，维护生态平衡，提高农产品的安全性，变农业和农村经济的常规发展为持续发展，把环境建设同经济发展紧密结合起来，在最大限度地满足人们对农产品日益增长的需求的同时，提高生态系统的稳定性和持续性，增强农业发展后劲。通过物质循环再生，各种副产品及废弃物得到利用，并减少化肥、农药的用量，从而减少了对环境的污染和破坏，提高了农村生态环境质量。由于建立的高效人工生态系统可以解决当地农民的吃饭、花钱和能源问题，使得农民不必去农业生态系统以外的自然环境，从而使自然环境得以恢复、再生。

 知识链接

田间奔忙　只为农业添“绿意”

正值水稻灌浆期，2022 年 9 月 4 日，国家农业绿色发展长期固定观测颍上试验站负责人王冠军，又来到夏桥镇稻田牛蛙生态种养技术应用试验基地，查看水稻和牛蛙生长情况。

俯下身子，顺手捋过一把稻子，王冠军满脸笑意。“稻蛙共生，能实现一水两用、一田双收，是发展绿色生态农业的探索。”如何实现更好地“共生”——一亩稻田到底养多少蛙才最合理，是王冠军最近研究的新问题，他和集美大学的研究生一直忙着采集水稻、牛蛙生长发育和稻田退水水质等基础数据。

在旁人看来，采集这些数据烦琐又枯燥，但在王冠军眼里，这些数据能直接反映当地农业绿色化、生态化发展情况。

“只有基础数据真实，通过数据比对分析，才能研发集成出绿色技术模式，服务于区域农业高质量发展。”王冠军介绍，以采集不同水稻碳排放量为例，如果能找到甲烷排放量低的水稻品种，再配合低碳栽培技术，就能将目前每亩稻田排放约 15 公斤甲烷，降低到 10 公斤以下。这意味着颍上县 70 万亩水稻田，可减少甲烷排放约 10 万吨二氧化碳当量，转化成生态经济价值可达千万元。

自 1995 年从安徽农业大学毕业，王冠军坚守农业生产第一线，他长期关注的不仅是农业的经济价值，还有农业的生态价值。

“现代农业的发展，要更加注重生态价值。”王冠军告诉记者，这几年，依托国家农业绿色发展试点先行区创建项目，他们集成创新稻田肥水一体控制、生态沟渠消纳示范项目，减少化肥农药用量，促使农田尾水总氮、总磷、氨氮、化学需氧量下降。

以生态为主线、以智慧为手段，王冠军创制的《数字生态稻田建设技术规范》，构建了适合沿淮区域的智慧生态农业发展新模式，实现农业产业系统配置优化、资源循环高效利用、生态功能不断提升；主持开展“自愿性水稻节水减排试验示范”碳汇采购项目，为“稻田试水农业碳汇交易、开启种田减碳挣钱新时代”探路前行。

2020年，国家农业绿色发展长期固定观测颍上试验站被农业农村部确定为第一批6个新建试验站之一，王冠军肩上的担子更重了。

在王冠军的带领下，颍上试验站梳理优化并持续采集转化农业投入品、农业产出品、农业废弃物、水环境、土壤环境、大气环境、生物多样性等共性观测指标和个性观测指标，构建了8大类580余项观测指标体系，推动颍上县由生产绿色农产品向产出绿色生产标准、技术装备和发展模式转型，促进了“产业生态化”与“生态产业化”互利共生。2022年6月25日发布的《中国农业绿色发展报告2021》显示，颍上县农业绿色发展指数排名居全国第16位。

奔忙在绿色、希望的田野上，王冠军始终如一、乐此不疲。他表示，下一步，将带领颍上试验站扎实推进农业绿色发展先行先试，推动形成适合沿淮生态类型的农业绿色低碳发展整体解决方案，为探索农业绿色高质量发展提供“颍上经验”。

（资料来源：杨燕. 田间奔忙　只为农业添“绿意”. 阜阳时报，2022年9月. 整理改写）

二、生态农业的基本原理

中国生态农业是从总体上充分发挥地区资源优势，依据经济发展水平及“整体、协调、循环、再生”的原则，运用系统工程方法，全面规划，合理组织农业生产，实现农业持续发展和高产高效，达到生态与经济两个系统的良性循环。

（一）整体效应原理

整体效应原理是根据系统论观点，即整体功能大于个体功能之和的原理，对整个农业生态系统的结构进行优化设计，利用系统各组成部分之间的相互作用及反馈机制进行调控，从而提高整个农业生态系统的生产力及其稳定性。农业生态系统是由生物及环境组成的复杂网络系统，由许许多多不同层次的子系统构成。系统的层次间也存在密切联系，这种联系是通过物质循环、能量转换、价值转移和信息传递来实现的，合理的结构能提高系统的整体功能和效率。农业生态系统包括农、林、牧、副、渔等若干亚系统，种植业亚系统又包括作物布局、种植方式等。从具体条件出发，运用优化技术，合理安排结构，使总体功能得到最大限度发挥，系统生产力最大，是生态农业整体效应原理的具体体现。

（二）生态位原理

各种生物种群在生态系统中都有理想的生态位。在自然生态系统中，随着生态演替地进行，其生物种群数目增多，生态位丰富并逐渐达到饱和，有利于系统的稳定。而在农业生态系统中，由于人为措施，使得生物种群单一，存在许多空白生态位，容易使杂草病虫及有害生物侵入，因此，需要人为填补和调整。利用生态位原理，一方面可以把适宜的价值较高的物种引入农业生态系统中，以填补空白生态位。例如，稻田养鱼，即把鱼引进稻田，鱼占据空白生态位，鱼既可除草、除虫，又可促进稻谷生产，还可以产出鱼，提高农田效益。另一方面，尽量在农业生态系统中使不同物种占据不同的生态位，防止生态位重叠造成的竞争互克，使各种生物相安而居，各占自己特有的生态位。例如，农田的多层次立体种植、种养结合、水体的立体养殖等，能充分提高生产效率。

（三）食物链原理

根据农业生态系统中能量流动与转化的食物链原理，调整农业生产体系中的营养关系及转化途径。自然生态系统中一般食物链层次多而长，并组成食物链网络。而农业生态系统中，食物链往往较短而简单，这不仅不利于能量转化和物质的有效利用，而且降低了生态系统的稳定性。为此，生态农业就是要根据食物链原理组建食物链，将各营养级上因食物选择所废弃的物质作为营养源，通过混合食物链中的相应生物进一步转化利用，使生物能的有效利用率得到提高。生态农业常以农牧结合为核心，将第一性生产与第二性生产有机统一起来，并通过食性选择使食物链加环，使生物能多层次利用，提高了经济效益。例如，谷物喂鸡—鸡粪还田、虾蚂喂鸡—鸡粪喂猪。这些形式都是对食物链原理的应用。

（四）物质循环与再生原理

任何一个生态系统都有自身的适应能力与组织能力，可以自我维持和自我调节，而其机制是通过生态系统中物质循环利用和能量流动转化。自然生态系统通过对大气的生物固氮作用而产生氮素平衡机制，从土壤中吸收一定的养分维持生命，然后又通过根茎、落叶、残体腐解归还土壤。农业生态系统是开放系统，现代农业系统的开放度更大，要通过大量系统外部投入如化肥、农药等维持生产。生态农业体系讲究尽可能适量或较少的外部投入，通过立体种植、选择归还率较高的作物以及合理轮作、增施有机肥等建立良性物质循环体系，尤其要注意物质的再生利用，使养分尽可能在系统中反复循环利用，实现无废弃物生产，提高营养物质的转化及利用效率。

（五）生物种群相生互克原理

自然生态系统中的多种生物种群在其长期进化过程中，形成对自然环境条件特有的适应性，并形成相互依存、相互制约的稳定平衡。但在农业生态系统中，由于物种单一，专业化生产程度高，不利于对资源的充分利用及维持系统的稳定性。因此，在生态农业建设中，一般应利用各种生物种群相生互克的原理，组建合理高效的复合系统（如立体种植、混合养殖等），在有限的空间、时间内容纳更多的生物种，生产更多的产品。我国普遍运用的多熟制种植（如间作、套种、混种、复种）及立体种养等都是利用各物种间的竞争互补关系而建立合理的群体结构，实现高效生产的目的。同时，利用生物种群间的相生互克原理，可有效控制病、虫、草害，生物杀虫剂、杀菌剂、生物除草剂等生物农药技术已展示出广阔的发展前景。

（六）生物与环境协同进化原理

生物与环境是生态环境的两大组成部分，也是农业生产的基本要素。只有在适宜的生态环境中，生物才可能最大限度地利用资源，获得最佳生产力及效益。生物与环境的协同进化，是指生物在适应环境的同时，也作用于环境，对生态环境有一定的改造能动性，从而使得环境与生物平衡发展。生态农业中运用生物与环境的协同进化原理，要根据地域生态环境条件，安排生态适应性较好的生物种群，获得较高的生产力水平，并要特别注重保护生态环境。否则，环境破坏会导致生物与环境的失衡，如水土流失问题、土壤沙化退化以及化肥、农药的不合理施用导致生物种群减少或消失，使农业生产力降低甚至衰退。

三、生态农业技术

生态农业主要应用生态工程技术及传统农作技术，对农业生态系统的不同层次进行设计和管理，并配合相应的配套技术，运用系统工程的最优化方法，设计分层多级利用资源的生产工艺系统。生态工程的目标就是在促进物质的良性循环的前提下，充分发挥资源的生产潜力，防止环境污染，达到经济与生态效益同步发展。

（一）立体种植与立体种养技术

立体种植与立体种养技术是一种劳动密集型的技术，是浓缩我国传统农业精华的技术模式。早在公元前 1 世纪的《氾胜之书》中就有记载当时利用间混套作获取高产、集约利用土地的例子；唐代就有水田养鱼啃草种稻的记载。它与现代新技术、新材料结合，使这一技术得到更充分的发挥。这种立体种植与立体种养技术通过协调作物与作物之间、作物与动物之间以及生物与环境之间的复杂关系，充分利用互补机制并最大限度避免竞争，使各种作物、动物能适得其所，以提高资源利用效率及生产效率。这类模式在我国农业种植区相当普遍，尤其是光、热、水资源条件较好和生产水平较高的地区更是类型多样，成为解决人多地少、增产增收问题的主要途径。

（二）有机物质多层次利用技术

通过对物质多层次、多途径的循环利用，实现生产与生态的良性循环，提高资源的利用效率，这是生态农业中最具代表性的技术手段。其技术主要通过种植业、养殖业的动植物种群、食物链及生产加工链的组装优化加以实现。

生物物质的多层次利用技术可大幅度提高物质及能量的转化利用效率。例如，中国科学院在湖南进行的饲料喂鸡、鸡粪喂猪、猪粪制取沼气，而沼渣种蘑菇、养鱼、养虾及虾作为肥料还田的综合多级利用试验，饲料经多级利用后能量利用率由一次利用的 64.7% 增加到 90.5%，其中，氮素利用率由 45% 提高到 92.4%。归纳农业生态系统中物质多级利用技术，主要方式有畜禽粪便综合利用和秸秆综合利用。

1. 畜禽粪便综合利用

畜禽粪便综合利用技术已受到普遍重视。在美国、欧洲等许多国家都利用干燥膨化鸡粪替代粗饲料及粗蛋白饲料，在我国一些地区也已采用。这是由于鸡的消化道短，饲料未被充分吸收利用就排出体外，鸡粪中有70%左右的营养成分未被消化吸收，经过适当处理后可作为猪、鱼等动物的优质饲料。畜禽粪便的另一种利用途径是作为沼气原料，可以作为能源利用，而沼渣沼液不仅可作为优质的有机肥料供作物利用，而且可作为食用菌培养料和猪、鱼饲料等。

2. 秸秆综合利用

农作物的秸秆产量是相当多的，能占到生物量的60%左右。我国每年产出的作物秸秆在5亿吨以上，如何加以合理利用是相当关键的问题。目前对秸秆的一般处理措施是烧掉，这样做不仅污染大气，而且把秸秆中所含的粗蛋白、纤维素及大量微量元素等造成浪费。因此，加强对秸秆的综合利用是生态农业一项重要的技术及任务。

目前，秸秆利用途径除部分直接用作有机质补充农田外，还有一部分作为饲料供牛、羊等食草动物食用。秸秆还可通过氨化处理、微生物发酵及添加剂处理等，使粮食的营养价值和适口性大大提高，并可替代部分粮食。秸秆还可作为食用菌（蘑菇等）的培养料、沼气原料。

（三）生物防治病、虫、草害技术

病、虫、草害是造成作物减产的重要原因。利用生物措施及生态技术有效控制病、虫、草危害的潜力很大。其优点在于无毒性残留，不污染环境，又可以保护生物多样性和生态系统自我调节机制。

（四）风能、地热能、电磁能利用技术

在一些海拔较高、风力强大的地区，风力能用于发电、照明、取暖，有相当大的利用潜力。一些地区利用地热能开展蔬菜、瓜果、高价值植物栽培，效益也非常显著。

（五）生物措施与工程措施配合的生态治理技术

水土流失是我国农业发展和环境劣化的重要原因。实施生物措施与工程措施配合的生态治理技术对改善环境和控制水土流失的效果显著。通过种草种树提高地表覆盖率，利用根系固定土壤、减缓径流、降低风速，配合修筑梯田、蓄水坝、等高种植等工程措施，是控制水土流失的有效手段。

对一些盐碱地、沙荒地等的改造治理，也需要生物措施和工程措施相结合。例如，通过种抗盐碱的牧草、向日葵等作物，结合开沟挖渠等工程措施，能有效控制和改良盐碱地，并使其逐步发展成为高产高效农田。

知识链接

高台：着力推进绿色循环农业高质量发展

高台县紧盯“一控两减三基本”目标，创新生态循环发展模式，大力建设生态农场，推动农业生产废弃物循环高效再利用，实现现代农业绿色发展。

清明时节，走进位于该县的甘肃共裕高新农牧科技开发有限公司产业园，100 多名工人正娴熟地刨土、栽苗、培土，昔日的荒滩上如今呈现出一片绿意浓浓的春耕景象。“我们今年计划种植 4 000 亩洋葱，目前正在抓紧移栽，预计 4 月中旬移栽结束。”正在指挥工人移栽洋葱苗的甘肃共裕高新农牧科技开发有限公司农业生产负责人陈文杰说。

作为甘肃省首批国家级生态农场之一，甘肃共裕高新农牧科技开发有限公司近年来在许三湾戈壁滩建成了占地 11 000 多亩地的产业园。探索绿色农业循环发展，首当其冲就是将尾菜“变废为宝”。陈文杰说：“我们通过‘蔬菜种植—尾菜—肥料—蔬菜种植’的循环利用模式，使大量尾菜直接‘还田变肥’，实现不施化肥的绿色生产，大大提升了蔬菜品质。”

戈壁荒滩绿色循环万亩良田的形成，离不开种养循环的绿色探索。该公司还建成占地 375 亩的肉牛标准化养殖场和 5 万吨生物有机肥生产线，利用养殖场畜禽粪便和周边农户、养殖户粪污、农作物秸秆等废弃物作为原料，生产有机肥料和微生物肥料，消纳还田，并通过测土配方、水、肥一体化使用，增加土壤有机质，增强土壤保肥、供肥能力。“经过 8 年的发展，我司已经初步形成了具有一定规模的农林牧肥产业园，完成总投资 2.6 亿元，开垦改良土地 11 400 亩。”甘肃共裕高新农牧科技开发有限公司农业生产负责人陈文杰介绍道。

近年来，高台县把推行农业绿色发展作为“三农”工作重点，统筹整合涉农项目 500 多个，围绕产业培育、标准生产、品牌创建、循环利用等重点任务，构建起产地环境、有机生产、废弃物利用、经营服务等一体化的循环农业产业链，形成了产业融合发展、资源高效利用、环境持续改善、产品优质安全的绿色农业循环发展新机制。目前，高台县已培育打造省级蔬菜、畜牧产业园区 2 个，累计认证“三品一标”农产品 65 个，生态有机农业模式示范带动面积达 2 万亩。全县秸秆、畜禽粪污、废旧农膜、尾菜综合处理利用率分别达 90%、88%、82%和 70%以上。

（资料来源：苏丹．高台：着力推进绿色循环农业高质量发展．潇湘晨报，2022 年 4 月．整理改写）

四、我国生态农业典型模式

长期以来，我国传统农业已经形成一些颇具特色的生态农业模式，具体如下。

（一）低湿地区的“桑基鱼塘系统”模式

桑基鱼塘（图 4-1）是我国珠江三角洲和太湖流域地区生态农业模式的典范。将农、林、牧、渔有机结合起来，互惠互利，构成一种水陆结合、动植物共存的人工复合生态系统。该系统能够大幅度提高农业资源转化利用效率和系统生产力，实现了生态效益和经济效益的统一。在桑基鱼塘的基础上还可以发展出许多类似的模式，如“果基鱼塘”“蕉基鱼塘”“花基鱼塘”“田基鱼塘”等。该模式在江南地下水位较高、地势较低的地区已经普遍运用。

图 4-1 湖州：桑基鱼塘美如画

桑基鱼塘的基本做法：在低湿地上开挖鱼塘，把挖出的泥土垫高塘边形成“基”，在“基”上可种植桑树（或果树、蔬菜、甘燕、花木、大田作物等），在塘中蓄水养鱼，并种植一些浮游植物等。同时，可在塘边上建造猪舍、沼气池等。这样的一种基塘系统可以使系统的初级产品得到反复多层次利用，效率很高。例如，基上种植的桑树可以养蚕，发展蚕桑业；蚕沙和粪肥是鱼的好饲料；塘中上层的草鱼可以吃青草、桑叶等，草鱼排出的粪便及蚕沙可促进水中浮游生物大量生长繁殖，其中浮游植物、藻类等又是中层鲢鱼的良好饲料，而且浮游植物自身可以进行光合作用放出氧气供鱼呼吸；浮游动物是下层鱼和鲤鱼等的饵料；鱼利用后的残余物与粪便沉积于塘底形成塘泥，挖出塘泥可以作为桑、燕等作物的优质有机肥料。

桑基鱼塘系统在生态学上把第一性生产与第二性生产结合起来，提高了经济效益。一般适宜的基塘比例为 4.5：5.5；塘中鱼类结构比例为鲩 26%、鲢 12%、鳙 18%、鳅及其他 44%，基面应高于水面 0.5~1 米。

（二）四位一体的“庭院生态系统”模式

在庭院内将种植业、养殖业及沼气能源结合起来，获得较佳的生态效益及经济效益，是北方地区庭院生态模式的典型，有相当的普遍性。最基本的模式是“种菜—养猪—沼气池”，即利用猪粪便及其他有机废弃物进行沼气发酵，沼气作为能源，沼液沼渣作为有机肥料供给蔬菜种植及农田施用。在这种模式基础上可以有许多改进，如蔬菜用塑料大棚或温室种植，养猪也在大棚或温室内，并且增加养鸡、鸡粪喂猪等项目。

这种庭院生态系统模式以农户为单元，以沼气为纽带，集种植、养殖、能源为一体，有很强的生命力，是一种物质良性循环的生产模式，也是一种农村能源开发模式。这种模式的实施比较简单易行，投资成本可高可低，规模可大可小，可视农户具体情况而定。如按照辽宁省农村能源办公室制定农村生态模式标准，设置沼气池、厕所、猪舍和日光温室“四结合”，猪舍在沼气池上面，与温室以墙间隔，猪舍内一角设置厕所，形成以太阳能为动力，以沼气为纽带，以日光温室立体种养为手段，通过种、养、能源的有机结合，形成生态良性循环，并在推广实践中取得显著经济效益。

这种模式的好处是：第一，圈舍的温度在冬天提高了 3℃ ~5℃，为猪提供了适宜的生存条件，使猪的生长期从 10~12 个月缩短到 5~6 个月，并且猪增重很快；第二，沼气池可产气供做饭、照明用，节约了能源，可常年使用；第三，猪呼吸产生大量的二氧化碳，使日光温室内的二氧化碳浓度提高了 4~5 倍，大大改善了温室内蔬菜等农作物的生长条件，温室生产蔬菜不用化肥，是绿色无污染的农产品；第四，增加经济效益。如甘肃省武山县城关镇清池村采用“四位一体”生态农业模式，全村建沼气池 150 口、日光温室 100 座，带动养殖户 248 户，户均养猪 3 头。日光温室蔬菜沼渣追肥，后沼液喷施，使得品质和产量都有明显提高。

（三）“猪一沼一果”生态农业模式

“猪一沼一果”生态农业模式是以沼气建设为纽带，将畜牧业、果业生产结合起来，达到系统内能源、饲料、肥料等良性利用的一项农业生产经营模式。

“猪一沼一果”生态农业模式的主要形式是每户建一个沼气池、人均出栏两头猪、人均种好一亩果，被称为“121”工程。利用人畜粪便下池产生的沼气做燃料和照明，利用沼渣和沼液种果、养鱼、喂猪、种菜，从而多层次利用和开发自然资源，提高了经济效益，改善了生态环境，增加了农民收入。

（四）“五配套”能源生态农业模式

“五配套”能源生态农业模式是解决西北干旱地区的用水难题，促进农业持续发展，提高农民收入的典型模式。它的主要形式是每户建一个沼气池、一个果园、一个暖圈、一个蓄水窑和一个看营房。实行厕所、沼气、猪圈三结合，圈下建沼气池，池上搞养殖，除养猪外，圈内上层还可放笼养鸡，形成鸡粪喂猪、猪粪池产沼气的立体养殖和多种经营系统。它以土地为基础，以沼气为纽带，形成以农带牧、以牧促沼、以沼促果、果牧结合的配套发展和生产良性循环体系。它的好处是“一净、二少、三增”，即净化环境，减少投资、减少病虫害，增产、增收、增效。

（五）以复合生态系统为核心的“现代生态农业园区”模式

以复合生态系统为核心的“现代生态农业园区”模式主要针对特定区域特色农业发展、生态涵养和水源保护而设立。如重庆市巴南区二圣镇集体村农业农村部现代生态农业创新示范基地，主要围绕当地特色产业如梨、茶叶等建设现代生态梨园（图 4–2）、生态茶园等生态农业基地。结合生态家园和生态拦截缓冲区等工程建设，建立“生态田园、生态家园和生态涵养”有机融合的复合生态系统。以生态梨园为例，对病虫害采取绿色防控，进行统防统治，安装太阳能杀虫灯，悬挂黏虫板、糖酒醋液诱杀等。栽种一定量的三叶草，以草抑草，控制杂草生长，从而减少化学除草剂的使用。梨树下种植绿肥，直接还田，增加土壤有机质含量。根据梨树的营养诊断，采取配方施肥，减少化肥施用量，提供肥料利用率，提升产品品质。对园区的农户通过实施农村清洁工程，将生活垃圾采取“户分类、村收集、镇转运、县处理”的模式进行处理，生活污水进入污水处理池进行厌氧处理，后经人工湿地处理后排放，以此来改善农村生活环境，减少因农村生活造成的面源污染。针对丘陵地区水土流失问题，园区采取建造生态植物园的方式对水土流失进行治理，同时可以起到美化环境、增加生物多样性的作用。以生产、生活、景观 3 个方面为重点进行园区的生态建设，形成复合生态系统，可以较好地达到产品绿色、产业高效、环境优美、涵养生态的目的。

图 4-2　重庆市巴南区二圣镇集体村生态梨园

知识链接

“鱼菜共生”打造生态农业新样板

“把养鱼和种菜放在一个大棚里，用循环水养鱼，水质无忧；种菜不施肥加土，靠养鱼水中的养分，蔬菜苗壮成长。”位于稻田镇的菜乡智渔家庭农场的负责人董鹏鲲介绍，“鱼菜共生”、鱼肥菜壮的生态循环农业新模式、新技术受到越来越多的关注。

已经建好的“鱼菜共生”项目大棚内，放着一个个大桶。这些大桶就是鱼池，每立方水体可养殖高档淡水鱼 200 斤，一个鱼池能养 10 000 斤鱼。旁边的大棚内，一块块特制的白色泡沫板上种满了各类蔬菜，颜色青翠、长势喜人，白色泡沫板下不是泥土，而是清澈的水，水的来源，就是旁边养鱼池里的水。

“将传统渔业循环养殖和大棚蔬菜种植有机结合，形成一水双用的循环农业，不仅实现了养殖尾水资源化利用，而且让传统蔬菜大棚变成一个‘生态圈’，节约了水、土资源，节省了人力成本和农资成本。在设施大棚里，一年四季都能实施种养，极大地提高了生产效益。”董鹏鲲表示，“鱼菜共生”复合耕作体系，是将养鱼的水经过微生物分解处理后，释放出养分，变成自带有机肥的“营养液”供给蔬菜；滋养循环池上种植的蔬菜，其根系吸收水中的养分后，水体同时被净化，净化过的干净水体回流到鱼池，供鱼生长，最终达到“养鱼不换水，种菜不用肥”的目的。

该项目是稻田镇毕家村党支部领办的特色家庭农场，通过盘活村内低效土地资源，初步探索了鱼菜共生循环种养技术，是“养鱼不换水、防控不用药、种菜不施肥”的特色种、养一体的生态高效农业新样板。项目规划占地 130 亩，总投资 1 100 万元，一期建设水产养殖、蔬菜种植温室 12 座，精深加工车间 1 座。项目全部建成后，年可产高品质淡水鱼 70 万斤（1 斤 =0.5 千克）、无公害蔬菜 40 万斤以上，实现年销售收入 5 000 万元、纯利润 1 000 万元以上，是传统种植、养殖效益的 10 倍以上。

在现代农业转型发展中，稻田镇依托鱼菜共生项目，构建起了"资源—产品—废弃物再利用"的完整农业生物产业链，为乡村振兴战略实施走出了一条生态发展新路子。"在项目效果上，我们要改变大家对传统农业的看法，通过推广'鱼菜共生'推动农业改革，带动村民增收。"稻田镇工作人员介绍，稻田镇果蔬种植面积 10.5 万亩，是寿光主要的蔬菜产区和国内最大的甜瓜生产销售集散地，今年以来，依托农业大镇优势，聚焦农业品质提升和产业发展，大力发展"鱼菜共生""稻虾共生""数字化零碳农业"等产业新模式，加速稻田镇从特色农业大镇向生态农业强镇转型。

（资料来源：编者根据"新鲜寿光"公众号"'鱼菜共生'打造生态农业新样板"案例整理改写）

第二节　绿色工业

一、绿色工业概述

（一）绿色工业的含义

绿色工业指的是能够提高其原材料投入过程中的资源利用效率，降低排放过程中的污染物排放量，生产出符合环境标准的产品。在整个生产过程中，它在合理利用资源的基础上生产出人类所需的产品，以达到维护生态环境平衡的目的。绿色工业系统中的各个生产过程之间构成了一个相互联系的循环系统，他们通过及时分享自身所处的物料流、能量流以及信息流，来达到对自然资源及废弃物的充分利用。

传统的粗放型经济发展模式以高消耗、高污染、低效率和低产出为特征，绿色工业与其相反，它既强调对资源的合理开发，又强调对资源的充分利用，促进经济增长与环境保护协调发展。绿色工业追求的是在整个工业生产过程的各个环节中，实行清洁生产、提高资源利用率、降低废弃物排放量，从而使资源、能源以及投资都能够得到最大化利用。随着人们对工业生产环境认识的不断加深，绿色工业发展的目标和任务也在不断调整，这种调整主要以资源和环境承载能力为依据，积极谋取工业增长与资源消耗以及环境恶化脱钩。另外绿色工业的发展需要以理念、技术和制度的全方位创新为支撑。

生态词典

低碳工业：低碳工业是以低能耗、低污染、低排放为基础的工业生产模式，是人类社会继农业文明、工业文明之后的又一次重大进步。低碳工业的实质是能源高效利用、清洁能源开发、追求绿色GDP的问题，核心是能源技术和减排技术创新、产业结构和制度创新以及人类生存发展观念的根本性转变。

绿色工厂：绿色工厂是制造业的生产单元，是绿色制造的实施主体，属于绿色制造体系的核心支撑单元，侧重于生产过程的绿色化。绿色工厂是指实现用地集约化、生产洁净化、废物资源化、能源低碳化的工厂。创建绿色工厂是《中国制造2025》提出的战略性任务，国家有关部门正在组织推动绿色工厂创建，加快技术创新和产用合作，推动重点标准制修订，引导技术服务与评价等市场化机制建立。

（二）绿色工业的具体特征

绿色工业具有以下几个特征。

1.以人为本

绿色工业的发展是以人为本的，围绕人的全面发展，服务于人的需要和人的发展，其在生产过程中既要考虑个人利益也要顾及整体利益；既需要考虑当代人的利益也要顾及不同代人的利益，这是一种高层次的人类利己主义。正是基于这种视角，为了人类可持续发展，人们会在生产过程中采用先进技术最大限度地提高能源利用率，保护生态环境。

2.生态化

绿色工业发展追求生态环境的平衡和对自然资源的永久采用，其提倡良好的经济发展方式应该以人与自然和谐相处为根本、建立在生态化的基础上，在其生产过程中应当充分利用绿色生态技术，降低资源能耗，减少工业废气、废水及固体废弃物的排放。

3.节约化

实行节约优先战略是绿色工业在生产过程中遵守的基本原则，为提高资源的综合利用率，其强调要在开发、生产加工、流通以及消费的各个环节落实节约机制，提升各类资源保障程度。传统工业生产过程中产生的废弃物在绿色工业生产过程中将改变身份：废弃物在绿色工业生产过程被视作一种放错位置的资源。利用废物资源化技术，将废弃物嵌入“资源—产品—废物—资源”的循环系统是绿色工业生产实现变废为宝的最佳途径，此举既可以提高废弃物的综合利用率、又可以节约成本。治理污染不仅要减少废物的产生，还要实现废物的循环利用。开发废物资源化技术，形成“资源—产品—废物—资源”的封闭循环网络，促进工业的可持续发展。

4.高效化

绿色工业发展对于生产效率以及资源环境利用效率有着较高的要求。它以绿色、可持续、更有效为前提，目的是使自然资源得到永久利用、生态环境得到长久保护，实现效率的最大化与利润的最大化。

5. 低碳化

发展绿色工业的目的之一就是为应对气候变化给人类带来的挑战。低碳化是绿色工业的一个重要特征，通过降低温室气体的排放，在绿色工业生产过程中逐渐降低对煤炭、石油等传统能源的依赖，并提高对新能源的利用，逐步实现能源利用的转型。在产品的生产、流通、分配和消费的整个生命周期中，通过使用绿色技术降低污染物排放，将对人体和环境的危害程度降到最低，竭力保证所生产的产品符合国家规定的环保标准。

6. 高科技化

绿色技术的创新及其大规模应用是绿色工业发展的核心。提高科技创新能力，加强科技基础设施建设，研发大规模的绿色技术，转变经济发展方式，打造崭新的绿色发展模式。

知识链接

三部门联合印发《工业领域碳达峰实施方案》

2022 年 8 月 1 日，工信部、国家发改委、生态环境部发布《工业领域碳达峰实施方案》（以下简称《方案》）。

《方案》提出，“十四五”期间，产业结构与用能结构优化取得积极进展，能源资源利用效率大幅提升，建成一批绿色工厂和绿色工业园区，研发、示范、推广一批减排效果显著的低碳零碳负碳技术工艺装备产品，筑牢工业领域碳达峰基础。到 2025 年，规模以上工业单位增加值能耗较 2020 年下降 13.5%，单位工业增加值二氧化碳排放下降幅度大于全社会下降幅度，重点行业二氧化碳排放强度明显下降。

“十五五”期间，产业结构布局进一步优化，工业能耗强度、二氧化碳排放强度持续下降，努力达峰削峰，在实现工业领域碳达峰的基础上强化碳中和能力，基本建立以高效、绿色、循环、低碳为重要特征的现代工业体系。确保工业领域二氧化碳排放在 2030 年前达峰。

《方案》指出，坚决遏制高耗能高排放低水平项目盲目发展。采取强有力措施，对高耗能高排放低水平项目实行清单管理、分类处置、动态监控。严把高耗能高排放低水平项目准入关，加强固定资产投资项目节能审查、环境影响评价，对项目用能和碳排放情况进行综合评价，严格项目审批、备案和核准。全面排查在建项目，对不符合要求的高耗能高排放低水平项目按有关规定停工整改。科学评估拟建项目，对产能已饱和的行业要按照“减量替代”原则压减产能，对产能尚未饱和的行业要按照国家布局和审批备案等要求对标国内领先、国际先进水平提高准入标准。

（一）调整优化用能结构

重点控制化石能源消费，有序推进钢铁、建材、石化化工、有色金属等行业煤炭减量替代，稳妥有序发展现代煤化工，促进煤炭分质分级高效清洁利用。有序引导天然气消费，合理引导工业用气和化工原料用气增长。推进氢能制储输运销用全链条发展。鼓励企业、园区就近利用清洁能源，支持具备条件的企业开展“光伏+储能”等自备电厂、自备电源建设。

（二）推动工业用能电气化

综合考虑电力供需形势，拓宽电能替代领域，在铸造、玻璃、陶瓷等重点行业推广电锅炉、电窑炉、电加热等技术，开展高温热泵、大功率电热储能锅炉等电能替代，扩大电气化终端用能设备使用比例。重点对工业生产过程 1 000℃以下中低温热源进行电气化改造。加强电力需求侧管理，开展工业领域电力需求侧管理示范企业和园区创建，示范推广应用相关技术产品，提升消纳绿色电力比例，优化电力资源配置。

（三）加快工业绿色微电网建设

增强源网荷储协调互动，引导企业、园区加快分布式光伏、分散式风电、多元储能、高效热泵、余热余压利用、智慧能源管控等一体化系统开发运行，推进多能高效互补利用，促进就近大规模高比例消纳可再生能源。加强能源系统优化和梯级利用，因地制宜推广园区集中供热、能源供应中枢等新业态。加快新型储能规模化应用。

（四）加快实施节能降碳改造升级

落实能源消费强度和总量双控制度，实施工业节能改造工程。聚焦钢铁、建材、石化化工、有色金属等重点行业，完善差别电价、阶梯电价等绿色电价政策，鼓励企业对标能耗限额标准先进值或国际先进水平，加快节能技术创新与推广应用。推动制造业主要产品工艺升级与节能技术改造，不断提升工业产品能效水平。在钢铁、石化化工等行业实施能效“领跑者”行动。

（资料来源：https://baijiahao.baidu.com/s?id=1739924452564610008&wfr=spider&for=pc）

二、促进绿色工业发展

（一）督促企业转型，大力发展绿色经济

在绿色工业发展过程中，企业应积极转变生产经营模式，逐渐从末端治理转变为开端预防，处理污染物的制度与态度必须进行根本性的转变，积极应对国际绿色经济浪潮，在整个社会物质流动过程中最大限度地发挥资源的利用价值、采取创新方法努力避免或减少工业污染，加大对废弃物资源化以及产业化的投入，只有将控制废弃物源头与治理已生成污染相结合，我国绿色工业的发展效益才能实现全面增长。科技创新在资源循环利用以及污染物控制方面起着至关重要的作用，为实现绿色工业的永续发展，就必须加大科技创新投入，通过开发利用创新技术，将其与传统工业相结合，积极采取低消耗少污染的生产运营模式，并努力改造传统工业，促进经济与生态的协调发展。使企业能够运用绿色运营体系的关键是加大投入、积极开发清洁生产技术，力求使用可再生资源替代不可再生资源，要把清洁生产从一个企业扩展到整个工业园区，再由一个工业园区扩展到一个区域，通过建立一批生态工业示范

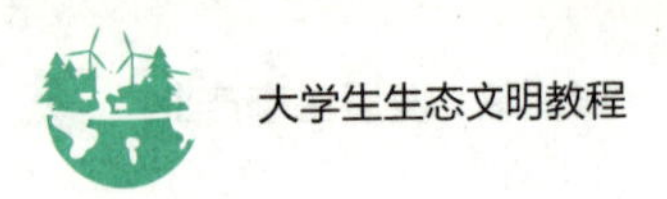

园区来推动地区工业发展。

知识链接

推动工业绿色转型升级　徐州持续推进绿色工厂建设

为深入贯彻绿色发展理念，推动工业绿色转型升级，推进徐州绿色工厂建设，2022年8月26日，徐州市工信局组织召开了全市绿色工厂创建工作推进会。

绿色制造是生态发展的需要，也是制造业向高端发展的必然选择。绿色工厂是制造业的生产单元，是绿色制造的实施主体。近年来，徐州大力推进工业经济高质量绿色发展，积极创建绿色园区、绿色工厂，淘汰落后产能、推进资源综合利用，打造出清洁高效的绿色产业体系。

路在绿中，厂在景中，人在画中。这里是江苏协鑫硅材料科技发展有限公司。映入眼帘的蓝天白云、整洁的厂区、清澈的湖水、郁郁葱葱的树木、青翠欲滴的竹林，完全颠覆了之前人们对制造型企业的固有认知。

作为首批获得"江苏省绿色工厂"的公司，江苏协鑫硅材料科技发展有限公司的花园式厂区、绿色低碳理念，令人耳目一新。公司常务副总经理胡建喜表示，公司一直在内部设计、环境提升、绿植多样性的"外在美"方面下功夫，同时也注重对关乎企业发展的低碳绿色"内在美"管理，实现了污水循环利用、大气降尘超低排放，真正推动"绿色智慧工厂"蝶变。

企业成本、能耗降下来，产品质量和竞争力提上去，这是徐州市持续打造绿色工厂，助力制造业转型升级和绿色低碳发展的一个缩影。

工信部从2017年开始开展全国性绿色工厂评选，江苏省从2020年开始开展省级绿色工厂评选。截至2021年底，徐州已累计创建省级以上绿色工厂24家，其中，国家级绿色工厂7家。

为了打造"绿色工厂"，赋能高质量发展，市工信局组织参观学习徐工重型、协鑫硅材料等企业，邀请江苏新春兴、徐工重型等已获评绿色工厂的企业分享工作经验。还邀请了专家现场授课，重点对"十四五"工业绿色发展规划、绿色制造体系建设相关政策、2022年绿色工厂创建要求和评价标准等内容为企业做了专题辅导。

（资料来源：https://jsnews.jschina.com.cn/xz/a/202209/t20220908_3072008.shtml）

（二）维持区域平衡，激发绿色工业活力

我国中西部地区，虽然能源存储量较高，但生产技术水平受限，导致能源利用率较低，造成了不必要的浪费以及对优质自然环境的破坏，因此，这些地区要积极引先进技术、发展生产工艺、制定技术标准，对于不符合绿色工业要求的企业，要加大惩罚力度，污染严重的则坚决予以淘汰。同时，我国东部地区生产力发展较为快速，经济发展水平较高，应充分利用其在技术以及成本控制方面的优势，帮助中西部地区共同提高绿色工业发展效率，运用生

态经济理念改造传统工业体系，在其合理的资源配置基础上优化能源消费结构，努力避免可能因能源消耗以及生产排放所造成的环境污染，调整原有的工业结构，利用高新技术产业，提高资源利用效率，以实现绿色工业的发展进步。

原始的产业集聚受生产力水平以及资源环境的限制，企业因某种特殊资源而聚集在同一地域发展统一产业，相应的也集中造成了该区域的同一种污染与破坏，按照传统的改造思路以及工业发展模式，为解决工业园区的能源集中消耗与污染规模级数增大的问题，可引进更先进的技术装备或集中对废弃物进行处理，这两种途径都需要消耗大量的人力、物力和财力。绿色工业运营模式是，同一个区域的企业之间，一个企业的生产以另一个企业生产过程中产生的副产品甚至是废弃物为原始成本，如此循环利用，高效生产，组成新型生态工业体系。与传统工业模式比较，这种循环生产模式加大了企业之间的合力，节约了双方成本，实现了企业间的协同成长，绿色工业园区使每一个工业企业的经济增长转变成了一种更优质、更高效、更环保、更友好的模式。各地区政府应积极顺应绿色工业发展要求，在工业企业集中的地区，加强宣传，积极组织培训，力争创造出符合绿色工业发展要求的优质工业园区，在园区内组织循环生产，搭建绿色生产链，变废为宝，使废弃物成为企业的原材料，以减少或杜绝污染排放，相关部门也应当加强对生态园区内的企业进行技术指导，鼓励绿色生产，通过对经济系统生产流程的剖析，设计符合本地区发展环境的生态工业园区，并提供相关制度与税务支持。

总之，绿色工业的区域协同发展体系，需要具备以下这些特点：第一，工业产品在生产加工过程中要尤其重视产品的创新研发与生产质量，尽量选用能够回收利用的材料，避免不必要的浪费，增加原材料的循环性；第二，对产品的包装进行绿色化改造，强制使用可回收材质，使其融入绿色生产、成本循环的产品生命中；第三，对于某些特殊的工业行业所产生的不可避免的排放物，要及时清理，采取技术手段做到废物无害化；第四，运用企业营销策略，鼓励各级消费者做到产品消费之后的循环利用，使资源在整个消费体系中活起来，尽量避免直接填埋以及焚烧处理等无法产生后续价值的处理方式。

知识链接

擦亮“绿色”“低碳”两张名片，开州加快建设重要绿色工业集聚区

群山环抱的浦里新区内，绿树掩映着一幢幢现代化的工业厂房。这里是渝东北重要的电子信息产业集聚区，其生产的印制电路板、锂离子电池等产品，源源不断地销往国内外。

“以电子信息产业为代表，我们做实做好‘高’和‘新’两篇文章，唱响唱亮‘绿色’和‘低碳’两张名片，推动开州工业实现转型升级。”2022 年 9 月 5 日，开州区有关负责人介绍，开州以“发展高科技、培育新产业、打造新生态、构筑新动能”为主线，加快打造我市重要绿色工业集聚区。据测算，该区单位 GDP 能耗较 5 年前下降 20.3%，超额完成节能降耗减排任务。

（一）资源型工业重镇焕发新生

东里河从温泉场镇穿过，清清的河水映着两岸绿树，留下潺潺水声。

走在沿河步道上，河东社区书记余其彬特别高兴：脚下的步道即将完工，成为温泉镇休闲观景的好去处。作为曾经的川东四大盐场之一，河畔已有千年历史的温汤井盐井遗址，每个周末都会吸引不少游客来参观，连带整个场镇也热闹起来。

“以前我还在厂里工作的时候，真没想到靠绿水青山也能过上好日子！”余其彬远眺对岸远山。

大山皱褶中有一片层层叠叠的灰色房屋，那是温泉镇发展传统工业的见证。

温泉镇矿产资源丰富，最高峰时曾集聚了 7 家水泥厂。年轻时的余其彬，也曾在其中一家工作。“这些水泥厂大多规模小，技术比较落后，粉尘也大。”余其彬回忆，当时的温泉场镇，总是灰蒙蒙的，采石场、水泥厂机器的轰鸣声，在峡谷中日夜回响。

为了保护绿水青山，温泉镇在上级党委、政府引导下，有序淘汰落后产能，关停辖区内高污染、高能耗、高排放的工业，改为发展绿色生态产业。

据统计，自 20 世纪 90 年代末以来，开州以“壮士断腕”的决心，淘汰高污染、高能耗、高排放的企业 93 家，其中绝大多数是煤矿、采石场、水泥厂等传统工业企业。

目前，温泉镇将“生态温泉”作为发展目标，深挖盐业发展的历史与文化，发展生态旅游和观光农业：在保护传统老街风貌的同时，开发沿江盐汤公园、清江温泉带；以两岸古街为核心，探索保护性开发模式，让古镇焕发生机。

“现在温泉的空气好得很，不少游客是专门来‘吸氧’的，连空气也‘管钱’了！”余其彬说。而他身边不少年轻人进了开州的电子厂，每天下班工作服干干净净，和自己年轻时“进厂”情形已大不一样。

秉持生态优先、绿色发展，开州加大环境保护力度，筑牢长江上游重要生态屏障。今年上半年，该区辖区流域水质稳定保持在Ⅲ类；城区空气质量优良天数达到 179 天，在我市各区县中名列前茅；小江流域获批全国第二批流域水环境综合治理与可持续发展 18 个试点之一。

（二）培育绿色高新技术企业

2022 年 8 月，开州工业“双喜临门”：8 月 8 日，位于浦里新区的紫建电子敲钟上市；8 月 30 日，开州高新技术开发区揭牌。

“开州是发展的热土，当地政府和相关部门总是在关键时刻给我们最需要的帮助！”紫建电子有关负责人说。

2011 年，开州区叫开县。当时做电子产品贸易的江西人朱传钦，准备到优惠政策集中的渝东北寻找发展机会。在赵家工业园管委会，他得到了热情的接待与耐心的解答。这让朱传钦决定落户当时电子信息产业几乎是一片空白的开县。

就这样，从购入二手设备、依靠三四十名员工起步，紫建电子在开州走上发展之路。

一路走来，紫建电子迈过不少槛：拓产能急需工人，相关部门将招聘广告发放到村，带着企业招工负责人算准各乡镇赶场天开招聘会；缺资金，相关部门为企业解读帮扶政策、协调贷款……

紫建电子 2014 年实现赢利，2017 年将总部从深圳搬到开州，全力进行科研攻关。现在紫建电子专攻新兴消费类锂离子电池领域，部分种类产品甚至打破了国外垄断；锂离子电池产品占据国内外品牌耳机电池30%以上的市场份额，并成为耳塞用电池世界行业标准的制定者之一，与国内外知名电子产品企业建立了紧密合作关系。

在产业升级的同时，紫建电子也不断实现生产过程绿色化、清洁化。通过改造设备、优化生产线，仅机油使用量一项，就较几年前下降了50%以上。

近年来，开州实施以高新技术企业为主的科技型企业培育计划，推动高新技术企业、科技型企业提质增量。

截至2022年上半年，该区已培育高新技术企业67家、市级科技型企业280家、高成长企业10家；新增市级“专精特新”企业35家，增量居渝东北、渝东南第1位，总量达到42家；拥有专业研发机构44个、科技服务机构48个，每万名从业人员拥有发明专利数28件。

绿色发展需要科技作为支撑。开州通过帮助像紫建电子这样的企业实现稳定发展、鼓励企业进军产业前沿，实现区域工业的绿色高效发展。去年，开州科技创新产出指数达到45.02%，比上年增长22.75%，增幅居全市第一。

正是因为有足够的科技底蕴，开州高新技术开发区才顺利获批。

（三）围绕主导产业发展产业集群

沿鞋大底加装了一圈灯带的运动鞋，在夜里闪闪发光，引人瞩目。开州某企业生产的这种可以反复充电的闪光运动鞋，售价较普通运动鞋翻番，还供不应求。

该产品的核心元件锂电池属电子产品。为何落户开州？企业负责人韦成中介绍：“一方面我是开州人，有家乡情结；另一方面，开州在电子信息产业方面形成了一定的规模，抱团更好发展。”

二十多年前，韦成中从学校毕业后到某知名电池企业做设计，几年后自己在沿海开厂生产充电电池。几年前回老家时，他发现开州已不再是印象中的农业大区——高速路旁的浦里新区，如春笋般涌出一幢幢工业楼宇，上面标注着不同的企业名称，其中不少来自沿海。

“过去的‘穷乡僻壤’，现在还能发展起工业，真是了不起！”韦成中不禁有些激动。一打听，他发现当时的开州电子信息产业已有了不小规模，涉及集成电路、核心电子元件、高端显示屏等产业。“一个地方产业规模越大、产业链越完整，参与其中的企业分享发展红利的可能性就越大。”韦成中说，这坚定了他回家乡投资的决心。

如今，韦成中的产品除大量出口到欧美，还可以为开州本地制造类企业提供配套。

在开州，目前规模以上电子信息类企业已发展到20家，形成了产业链相对完整的产业集群。

“近年来，我们围绕食品医药、电子信息等产业，推动开州产业的转型升级。”开州区有关负责人介绍。去年，开州建成电子信息产业园、生物医药产业园、装备制造产业园等市级特色产业园区，完成总产值632亿元，占该区工业总产值的85.5%；战略性新兴产业和高技术产业分别增长33.8%、40.3%。

在此基础上，万达开智慧园区5G融合创新项目落地开州，重庆市（开州）生物医药产业园、重庆智能家居产业园、成渝地区双城经济圈首批产业合作示范园区成功获批，又进一步为开州加快打造全市重要绿色工业集聚区汇集新动能。

（资料来源：https://baijiahao.baidu.com/s?id=1743300731012821957&wfr=spider&for=pc）

（三）发挥政府主导作用，开启绿色发展新思路

政府在经济运营中具有主导地位，当前工业污染问题严峻，负责治污排污主要监管的政府部门必须探索新的管理方式，加大制裁力度，在评价工业社会发展效益时，单纯地衡量工业的经济收益而没有全面考虑到环境、能源以及社会效益，则会扭曲区域发展形势，使得部分地区的经济与生态割裂开来，从长远角度来看无疑为地区的永续发展埋下了隐患。促进绿色工业稳定发展，协调工业经济与相应环境、能源以及社会的协调程度需要社会各界共同努力，无论是政府部门、企业决策者还是普通消费者，都需要从意识上进行绿色转变。在我国当前社会主义市场经济体制下，必须建立起符合我国国情的中国特色可持续发展经济新体制，必须建立起生态与经济一体化的新型绿色经济制度，而环境污染的治理方案能否有效运作，不仅关乎投资的效益，同时也在考量政府及企业的投入能否真正意义上控制污染，保护环境。因而，在绿色经济发展势头日益壮大的国际背景下，我国不仅要加大绿色工业的投资、建设，同时应发挥政府的主导作用，引导企业进行运营管理的改革，并且开启全新的治理考核方式，从战略层面加强我国绿色工业发展的稳定性。

在企业经济活动核算中，宏观调控管理部门在对企业实施宏观调控时必须对企业当前的经济和管理的真实情况进行综合分析和判断，并且从社会效益方面进行衡量，仅仅依靠经济上的产值来评价一个企业的优劣是不全面的，例如我国在计算生产总值时，也应充分考虑到资源的浪费以及环境的污染，在我们所创造的产值中，多少是以牺牲环境为代价的，要想发展绿色经济，促进社会可持续发展，就必须重视环境效益、能源效益以及社会效益等非经济因素，优化国民经济核算体系，建立一套符合我国基本国情的绿色GDP核算体系。从国家到省、市、自治区各级政府都应该以绿色GDP作为衡量本地区经济发展水平的标尺，既可以有效避免个体经济以牺牲区域环境为代价，又可以从制度上激发企业的生态意识，为我国绿色工业的发展提供内在动力。因此，如果没有政府的制度保障和约束，企业发展绿色工业也将变成空谈，人民享受绿色工业成果也将成为奢望。

长期以来，我国绿色工业发展之路步履维艰，生态文明、清洁生产等宣传缺乏实施力度，企业及消费者对绿色工业的认识还仅限于努力治理工业污染、配合政府控制排放，但这些举措并不能从根本上解放被束缚的生产力，因此我国必须从宏观层面把清洁生产列入国家战略目标，制定节能政策，并赋予法律效应，鼓励节能示范工程，加快对节能环保技术的开发和利用，并加强与国际先进社会的交流与合作，在改革与摸索中，逐渐建立一套符合我国基本国情的发展模式，创造出中国特色社会主义绿色工业发展体系，全面实现伟大复兴的战略目标。

第三节　生态旅游

扫一扫 学一学

一、生态旅游的概念和内涵

（一）生态旅游的概念

《全国生态旅游发展纲要（2008—2015 年）》中明确了生态旅游的概念：生态旅游是以可持续发展为理念，以保护生态环境为前提，以统筹人与自然和谐为准则，并依托良好的自然生态环境和独特的人文生态系统，采取生态友好方式，开展的生态体验、生态教育、生态认知并获得心身愉悦的旅游方式。

从旅游者的角度，本书认为生态旅游是指旅游者基于回归自然、保护生态环境、体验原生态文化、保健疗养、度假休憩、科普求知等动机，在保护生态环境的前提下，有序进入特定的生态系统，开展的一种有别于传统大众旅游的新型可持续旅游活动。生态旅游依赖当地原生、和谐的生态系统，贯彻生态旅游开发和经营的理念，强调保护当地的升天环境、旅游资源和社会效益，促进旅游地生态、社会、经济效益同步协调发展。

（二）生态旅游的内涵

从旅游者参与生态旅游活动的目的和动机看，生态旅游的旅游动机是回归自然、保护生态环境、体验原生态文化，并进行观光、度假、保健、疗养、运动、求知等活动。生态旅游的旅游目的是认识自然、了解自然、享受自然、保护自然。从生态旅游的载体看，生态旅游的载体是特定生态系统。生态系统是指在自然界的一定的空间内，生物群落与无机环境构成的统一整体，在这个统一整体中，生物与环境之间相互影响、相互制约，并在一定时期内处于相对稳定的动态平衡状态。生态系统的范围可大可小，相互交错，可以划分为自然生态系统和人工生态系统。自然生态系统又包括森林生态系统、草原生态系统、海洋生态系统、湿地生态系统等，人工生态系统以城市和农田为主。从生态旅游的吸引物角度来看，生态旅游资源的最大吸引物是景观独特、生物资源丰富、空气清新、水体清洁、负离子浓度高、气候舒适、无噪声、无辐射等。具备这些条件的生态环境是人们追求的目标，具备良好环境的生态旅游区是人类生存的理想空间。

生态旅游从其形式上有别于传统大众旅游，是一种新型的可持续旅游活动。

（三）生态旅游与传统大众旅游的比较

生态旅游是在大众旅游的基础上，修正和调整后，提出的一种全新的旅游发展模式，将它与传统大众旅游做对比，有利于从本质上认识生态旅游（表 4–1），生态旅游和传统大众旅游在总特征、旅游者行为、基本要求、发展战略、目标、受益者、管理方式、影响方式等方面都大有区别。

表 4-1　生态旅游与传统大众旅游对比表

指标	传统大众旅游	生态旅游
总特征	发展速度快、无控制、短期	发展速度慢、有控制、长期
旅游者行为	大群体 固定安排 引导旅游者 舒适、被动 无外语交流 探听隐私 喧闹	个人、家庭 随时决定 旅游者决定 艰苦、主动 学习外语 交往得体 安静
基本要求	度假高峰期 未经培训的员工 常规宣传 强硬促销	交错度假期 训练有素的员工 教育旅游者 精神促销
发展战略	未规划 项目主导 新建筑 外来开发商	规划 观念主导 旧建筑再利用 当地开发商
目标	利润最大化 价格导向 享乐为基础 文化与景观资源的展览	适应的利润与持续维护环境资源的价值导向 以自然为基础的享受 环境资源和文化完整性展示与保护
受益者	开发商和游客为净受益者 当地社区和居民的受益与环境代价相抵 所剩无几或入不敷出	开发商、游客、当地社区和居民分享利润
管理方式	游客第一，有求必应 渲染性的广告 无计划的空间拓展 分片分散项目 交通方式不加限制	自然景观第一，有选择地满足游客要求 温和适中的宣传 有计划的空间安排 功能导向的景观生态调控 有选择的交通方式
正面影响	创造就业机会 刺激区域经济增长但注重短期利益 获取外汇收入 促进交通、娱乐和基础设施的改善 经济效益	创造持续就业的机会 促进经济发展 获取长期外汇收入 交通、娱乐和基础设施的改善与环境资源保护相协调 经济、社会和生态效益的融合

续表

指标	传统大众旅游	生态旅游
负面影响	高密度的基础设施和土地利用问题 机动车拥挤、停车场占用空间和机动车产生的大气污染问题 水边开发导致水污染问题 乱扔垃圾引起地面问题 旅游活动打扰居民和生物的生活规律	短期内，旅游数量较小，但趋于增长 交通受到管制（多数情况下，不允许使用机动车） 水边景观廊道建设阻碍了水边的进一步开发 要求游客将垃圾分类收集，游客行为受到约束 游客的活动必须以不打扰当地居民和生物的生活为前提

二、生态旅游的特点和功能

（一）生态旅游的特点

1. 生态旅游具有自然性和保护性的特点

自然性指旅游生态环境和文化环境的原始自然性。旅游者所到的旅游区域不仅有独特的相对原始的自然生态风光，当地的生活和文化也保留自然原始的特有状态，在此基础上设计的旅游产品还要符合生态环境的特征，并让旅游者有与众不同的体验。

保护性体现在生态旅游的诸多方面：旅游开发规划者应在遵循自然生态规律和人与自然和谐统一的原则下开发设计旅游产品；旅游开发商应充分认识旅游资源的经济价值，将资源的价值纳入成本核算，谋求持续的投资效益；旅游管理者应在资源环境容量范围内开发利用，谋求可持续的经济、社会、环境三大效益的协调发展；旅游者应提高环境意识和自身的素质，把保护旅游资源及环境作为一种自觉行为。

2. 生态旅游具有可持续性和限制性的特点

可持续性体现在生态旅游要求旅游各利益主体对生态环境有高度责任感，符合可持续发展思想的要求。开发者、经营者在开发利用旅游资源时，必须按可持续发展思想的要求，既满足当代人的需要，又不对后代人满足其需要的能力造成危害；旅游者要有生态环境保护的意识，把享受自然风光、人文文化与生态保护结合起来。

限制性体现在对游客量和接待建筑设施的限制。生态旅游是在特定的时空范围内开展的少数人的旅游活动，并应尽量保持其自然属性，这些选择决定了生态旅游区的建设总规模，参与者可以获得一般大众旅游无法比拟的康体空间，神秘感、刺激性更强。

3. 生态旅游具有参与性和多样性的特点

生态旅游的参与性主要表现在两个方面：一方面，旅游者可以通过生态旅游亲自参与到自然与文化生态系统之中；另一方面，生态旅游是旅游者、旅游地居民、旅游经营者和政府、社团组织及研究人员广泛参与的一种旅游活动。

多样性体现在生态旅游活动的形式多种多样。在发达国家和地区，生态旅游的多样性已表现出来，除了传统大众旅游的观光、度假、娱乐等旅游活动方式外，根据现代人的精神需求出现了，如观鸟、徒步、滑雪、探险、科考等一系列特种生态旅游。另外，一些逆境生态景观同样对高素质的生态旅游者具有较强的吸引力，如徒步穿越腾格里沙漠探险，乘坐古老羊皮筏的黄河漂流以及沙坡头治沙生态环保之旅等。

4.生态旅游具有高品位性和普及性的特点

高品位性是生态旅游发展的归宿。生态旅游以回归自然、追求原汁原味的自然情调和真实的历史文化遗产为内容，追求"天人合一"的完美意境，把生态体验、生态感知和生态享受作为旅游的主旋律。

普及性体现在生态旅游发展的过程中，是生态旅游发展的趋势。在生态旅游开展的早期，生态旅游的参与者多为特定族群，一般来说是具有较高的教育背景或文化素养的人。随着社会的发展，生态旅游正朝着普及化的方向发展，越来越多的普通工人、职员、学生等都加入生态旅游的队伍中。随着社会经济的发展，生态旅游者的队伍将不断扩大，生态旅游将成为一种势不可当的全球性旅游时尚。

5.生态旅游具有专业性和精品性的特点

生态旅游的专业性，首先源于旅游者的旅游需求。适应生态旅游者的产品应使旅游者享受大自然并自觉地保护大自然，这需要专业性的知识。同时，生态旅游活动的管理也要有专业性。

生态旅游的精品性主要体现在生态旅游活动的开展上。生态旅游活动作为一种大众型旅游活动的替代方式，其具体开展要以使游客融入环境的自然方式分散地进行，以免因游客活动的过于集中而对生态环境造成破坏。因此，生态旅游活动一般是精品的、简单的、小规模的。

（二）生态旅游的功能

生态旅游的功能主要有保护功能、旅游功能、环境教育功能和经济功能。

1.保护功能

发展生态旅游必须依赖一定的生态环境，良好的生态环境是生态旅游发展的基础和前提。保护功能是生态旅游的基本理念，在发展生态旅游过程中应始终坚持"保护第一"的原则，开发服从保护，开发促进保护。只有充分发挥生态旅游的保护功能，有效保护和持续利用生态环境资源，生态旅游才能够真正成为可持续发展的旅游模式。

2.旅游功能

旅游功能来源于生态旅游的本质。生态旅游与其他旅游形式一样，具有满足旅游者食、住、行、游、购、娱等基本需求的共性，所不同的是，它不主张一味地满足旅游者的需求。

生态旅游的吸引力和生命力在于生态系统的独特性，在于生态旅游区的科学性。作为一种特殊旅游形式，生态旅游以特殊设计的产品满足生态旅游者的需求，让生态旅游者获得高层次审美享受的同时，不会损害生态旅游资源和自然环境，强调了解自然、欣赏自然、研究自然，并为保护生态作出贡献。

3.环境教育功能

教育功能主要是因为生态旅游提供的是以教育、引导为主，寓教于乐的旅游活动，生态旅游地是良好的科普教育和科学考察场所，生态旅游具有环境教育功能。它具体表现在三个方面：一是教育对象的扩大，对所有旅游受益者，如开发者、决策者、管理者等均有教育功能；二是教育手段的提高，生态旅游充分利用现代科学、技术、艺术等手段展示自然，使人能够更为直观形象地接受教育，可以大大提高教育的效果；三是教育意义更大，个人环境素养的提高固然重要，而全民环境素养的提高将是人类解决生存环境危机的希望所在。

4.经济功能

经济功能体现在通过社区参与生态旅游，增加当地的就业机会，从而增加当地的经济收入。生态旅游资源富集的地区通常也是社会文化相对落后、经济比较贫困的地区，往往因为自然条件的限制而得以完整保护，这些地区又是生态系统极为脆弱的地区。资源的丰富、社会经济的贫困和生态环境的脆弱，使其在发展区域经济时，可以将生态旅游作为首选产业来发展。如福建武夷山国家级自然保护区通过严格保护和有序开发，使森林覆盖率达到96.3%，生态环境保持优良，由此促进了生态旅游的快速发展，使当地居民旅游收入不断增加，生活条件不断改善，取得了经济效益和生态效益的有机统一。

知识链接

加拿大阿鲁姆生态旅馆

阿鲁姆生态旅馆是加拿大仅有的两处由饭店协会命名的五星级景区之一，夏天用作徒步旅行的基地，冬天则是跨境滑雪和踩雪的休息所。屋主提供导游，为旅游者边走边讲解有关景点的历史文化和自然的奇闻趣事和信息知识，游客在旅途中可以欣赏瀑布、先锋洞和印第安建筑，并有机会观看到该地著名的大角羊，还可以观看其他野生物种和当地景观。

生态旅馆由四部分组成：主体生态屋、两个独立的小屋、一个大工作间和植物室。主体生态屋是示范屋，实际上是活的生态旅馆展示，它从加拿大政府的两大项目中获得资金，一个是再生能源开发创新，另一个是商业鼓励计划。主体建筑有三层，包括一部分全功能地下室。地下室中有支撑主体建筑的通风设施和一个能源管理系统。节能设计的特点有：双面绝缘墙，南侧的大窗，带有正副换气扇的中央空调系统，双面釉窗户，预热交换器以及节能装置。

除了太阳能供热外，生态旅馆还有各种能源、能量储备系统和热交换装置。厨房里有一个铸铁火炉，在主要居住区有一个带有大块石壁的慢燃木炉。地下室内装有2 200L的双壁热水储备装置，主要满足旅游者的热水需求；周围外层部分形成主要的供暖系统。水由一个 23m^2 的太阳能控制储备库加热，备一个自动开关系统以确保已储备好的热水不再循环到控制台和管道，而在第二天早上被重复加热。客房内配有加热装置，可对已存有的热水温度进行调节。加热装置还采用了热交换器，以便给从楼中散出的暖空气和未消毒水再加热。供电系统由一个可视的控制键盘和一个带有丙烷备用发生器的小型风力发电机所组成。一个电池库存储着一天所需的电能。

生态旅馆的主体已经配备了机械化的可堆肥厕所系统，这种系统最早在边远地区的公园和高速公路上被当成公共厕所使用；同时还有个化粪池系统，该系统有 4 个分隔间，容量为 28L，循环时间为 7d，在压力下由一个间歇性的沙滤器渗漏填满。目前，一部分生态旅馆具备化粪系统，一部分与堆肥系统相通。酒宴沉淀的有机物残质也被填到堆肥系统中。水从 80m 深的地方打井获得，经过特殊处理还原的低毒清洁剂被用于厨房和客房。

虽然原理上是清晰的，但实际上能源系统管理的复杂程度远远超过北美类似规模的建筑用电，以上所描绘的仅仅是其中的主要特点。总之，生态旅馆的设计和经营体现了一个原则：能源极其稀缺和昂贵，应该妥善利用，尤其是现场使用时更要谨慎。虽然能源保护的实施花掉了生态旅馆总投资的 30%，但每年在丙烷的花销上能节约 25 000 美元，五年即可收回投资。

（资料来源：https://www.renrendoc.com/paper/20507272.html（改编））

三、生态旅游资源

（一）生态旅游资源的概念和特征

生态旅游资源是以生态旅游环境为基础、生态旅游景观为主体，能够对旅游者产生吸引力，为旅游业所利用并产生效益的各种物质和因素的总和。生态旅游资源是生态旅游开发的基石，是吸引旅游者的客体。生态旅游资源主要有原生性、脆弱性、综合性、系统性、季节性和不可移植性等特征。

1. 原生性

原生性是指生态旅游资源是一个自然形成的生态系统，如具有原生本色的山地、森林、草原、荒漠、戈壁、阳光、海滩、动植物资源等。生态旅游资源的原生性对人类而言是其独特性的体现。

2. 脆弱性

脆弱性是指生态旅游资源的承受能力有限。旅游开发和旅游活动等外界干扰超过其限度，生态旅游资源会遭到破坏，进而引起生态环境退化。如果旅游开发者和管理者不了解这一特征，不顾生态旅游资源的承载力，就很容易破坏生态旅游资源。

3. 综合性

综合性是指生态旅游资源是由地形、地貌、气候、水文、植被、动物等自然因子组成的一个综合体。生态旅游资源开发时，不是针对某个单个因子，旅游者感受到的也是对整个生态旅游资源综合体的感受和欣赏。

4. 系统性

系统性是指生态旅游资源各组成之间相互联系、相互依存、相互限制，共同组成一个有机的系统。这个系统有自己特有的生态结构特征和能量流、信息流及物质循环，旅游者作为一个生物体参与到这一系统，同时也对这一生态系统的演替发挥了重要作用。

5. 季节性

季节性是指生态旅游资源的景观随着一年四季的变化而变化。这种特性使生态旅游活动也随季节的变化而不同，如春暖踏青、夏观瀑布、秋赏红叶、冬季滑雪等。

6. 不可移植性

不可移植性是指生态旅游资源在空间上无法完全原样地移位的特征。这是由生态旅游资源的地域特征和民族特异性决定的。

（二）生态旅游资源的重要性

生态旅游资源是生态旅游的客体。按照系统论的观点，生态旅游是一个特殊的系统，该系统包括主体、客体、媒体、载体四个要素。生态旅游系统的主体是生态旅游者，客体是生态旅游资源，媒体是生态旅游业，载体是生态旅游环境。生态旅游资源作为生态旅游的客体通过生态旅游环境这个载体与生态旅游业这个媒体相互联系，构成生态旅游这个有机整体。

生态旅游资源是生态旅游开发的基础。生态旅游资源是随生态旅游活动而出现的概念，是生态旅游活动的直接对象。生态旅游资源是吸引生态旅游者“回归大自然”的客体，又是生态旅游活动得以实施和生态旅游得以开发的物质基础。

（三）我国的生态旅游资源类型

我国的生态旅游资源储存丰富、品类繁多,《国家生态旅游示范区建设与运营规范》(GB/T26362-2010)中将生态旅游示范区分为以下 7 种。

1. 山地型

以山地环境为主而建设的生态旅游区，适于开展科考、登山、探险、攀岩、观光、漂流、滑雪等活动。

2. 森林型

以森林植被及其生境为主而建设的生态旅游区，也包括大面积竹林(竹海)等区域。这类区域适于开展科考、野营、度假、温泉、疗养、科普、徒步等活动。

3.草原型

以草原植被及其生境为主而建设的生态旅游区，也包括草甸类型。这类区域适于开展体育娱乐、民族风情活动等。

4.湿地型

以水生和陆栖生物及其生境共同形成的湿地为主而建设的生态旅游区，主要指内陆湿地和水域生态系统，也包括江河出海口。这类区域适于开展科考、观鸟、垂钓、水面活动等。

5.海洋型

以海洋、海岸生物及其生境为主而建设的生态旅游区，包括海滨、海岛。这类区域适于开展海洋度假、海上运动、潜水观光活动等。

6.沙漠戈壁型

以沙漠或戈壁或其生物及其生境为主而建设的生态旅游区，这类区域适于开展观光、探险和科考等活动。

7.人文生态型

以突出的历史文化等特色形成的人文生态及其生境为主建设的生态旅游区。这类区域主要适于历史、文化、社会学、人类学等学科的综合研究，以及适当的特种旅游项目及活动。

知识链接

香格里拉生态旅游第一村——霞给藏族文化村

霞给村以其特有的“天时、地利、人和”的旅游开发优势，成为香格里拉地区民族生态旅游接待示范村，其开发特点是“双向参与”，即不仅当地社区居民参与旅游接待，而且旅游者旅游活动也是参与性的，直接参与到霞给村藏族群众的日常生活中。

藏族群众参与：霞给村“民族生态旅游接待示范户”的参与范围涵盖了生态旅游的食宿行游娱等方面，即提供藏族特色饮食、藏族民居、马帮旅游交通工具、村寨导游、藏族歌舞表演等。

旅游者参与：藏族民居观光，即了解藏族民居的特色、精华以及家居的风俗；了解藏族的生活起居，即体验藏族群众生活的乐趣，与他们同吃同住同劳动，学打酥油茶、捏糍粑，学挤牛奶、制奶渣，学织氆氇、绘唐卡；感受藏族文化氛围，即感受火塘文化的传承，听藏族歌、学藏族语、跳藏族舞，体验民族节庆和宗教活动。

（资料来源：编者根据网络资源整理改写）

四、生态旅游的影响

生态旅游不仅通过自身的行动、自身的宣传教育作用促进生态旅游环境保护，还通过经济手段使其保护措施得到实施，其收益的一部分用来维护生态旅游地的环境质量。生态旅游在以下三个方面起到了促进作用。

扫一扫 学一学

1.生态旅游促进自然生态环境良性循环

（1）促进生物尤其是珍稀濒危生物的保护。珍稀濒危生物主要分布在自然保护区（点）内，这些是在人类影响自然生态环境状况下遗留下来的、不可多得的“自然遗产”。由于其生态系统保护良好,景观及环境的美学价值、科学价值高，为人们进行生态旅游提供了极佳的资源与环境。从前，对于自然保护区（点）主要强调的是保护，绝对保护其资源与环境，结果是经费投入少，管理不力，保护区内及周围群众生活无保障，偷伐、偷猎、偷垦等现象屡禁不止，导致自然保护无力，未能达到真正的保护。在自然保护区内开辟生态旅游小区，一是可以起到对周围群众和旅游者进行生态环境保护意识的教育；二是为自然保护区的珍稀濒危生物保护等寻求到经济支撑，增加保护和管理的力度；三是通过生态旅游开发可以帮助当地群众就业和脱贫致富。

（2）促进水体保护和水体污染的治理。旅游的开发在一定程度上对水体保护和水体污染治理起到了良好的促进作用。一些旅游地域山清水秀，水体洁净,优于周围其他地域的水体环境。例如,从 1999 年 8 月起，桂林市开始实施“两江四湖”工程，该工程涉及的环城水系包括三个部分，即由木龙湖、桂湖、榕湖、杉湖与漓江沟通而构成的一环水系；桃花江与四个内湖相连通构成二环水系；恢复朝宗渠，沟通小东江、紫洲河构成三环水系。工程通过开挖木龙湖、引水入湖、内湖清淤截污、生态护岸、新景桥建设、升船机、船闸、防洪排涝工程以及周边旧房拆除、文物古迹恢复整理、园林绿化、景观配置等一系列措施，将漓江、桃花江与内湖水面连通，从根本上改善了内湖水的环境质量，丰水期可以做到 5 天一换，枯水期限也可以 10 天一换；使桂林“城在景中,景在城中,城景交融”的特点得到了淋漓尽致的展现，还为桂林增加了“两江四湖夜游”旅游项目，推进了旅游产品的创新步伐。

（3）促进大气环境的保护和治理。洁净的大气本身对旅游者就有较强的吸引力，也是旅游环境质量较高的一种体现。大气的污染将会导致旅游者感知——体验质量的下降。为此，各生态旅游地对大气环境极力进行保护，对大气污染进行治理。例如，2007 年，峨眉山被环境保护部（原国家环保总局）评为全国首批通过国际环境管理体系认证并获得“ISO14000 国家示范区”，自 2000 年导入 ISO14001 环境管理体系以来，峨眉山采取多种措施减少大气污染物排放量，改善并保护了旅游区的大气质量。

（4）促进地质地貌的保护。一些典型的地质、地貌现象不仅是自然生态环境的组成部分，还是重要的旅游资源。为使旅游业能持续的发展，各国、各地区开展了一些地质、地貌现象的保护。例如，埃及、以色列和约旦等国对红海沿岸珊瑚礁的保护，我国对张家界砂岩峰林地貌、武夷山和丹霞山等地的丹霞景观、海螺沟的冰川及冰川地貌等进行了保护。

总之，旅游开发，特别是生态旅游开发提高了人们对自然生态环境的认识，通过法律法规等手段进行管理，一方面保护了自然生态环境及其组成要素，使之生态环境进入良性循环之中，另一方面通过旅游开发，整治了生态环境，使“山不清”变成“山清”，“水不秀”变成“水秀”，逐步提高了环境质量，促进了生态环境的保护和改善。

2. 生态旅游开发促进区域经济发展

（1）提高生态旅游地知名度，为社会经济发展提供了契机。生态旅游的发展通过旅游促销和旅游者的流动等方式，提高了区域的知名度，改善了投资环境，可以产生名牌效应，增加无形资产，为经济联合、吸引外地资金进入创造条件。

（2）增加区域经济收入，提高自我发展能力。旅游开发和生态旅游开发可以为区域带来比较明显的经济效益，还可以带来若干间接效益。特别是在一些贫困地区发展旅游业（包括生态旅游业）可以帮助当地脱贫致富，带动区域经济发展。如西班牙的坎塔布连山区、泰国的普吉岛、印尼的巴厘岛，以及国内的河北涞水野三坡、重庆巫山小三峡、贵州镇宁黄果树、云南西双版纳橄榄坝等地区通过发展生态旅游，改变了落后的面貌，推动了经济发展，提高了自我发展能力。

（3）改善了区域产业结构，促进生态旅游地向开放型经济转化。旅游消费是一种高水平消费，要求更新换代的速度高于一般耐用的消费品，一方面，它刺激有关行业在生产方面采取新技术、新材料、新设备等来配合旅游者的消费结构，调整区域经济产业结构，较明显的是交通、通信、轻工、建筑、农业等直接提供消费资料的部门，从而调整了区域第一、第二、第三产业的结构，另一方面，旅游消费也促进生态旅游地向开放型经济转化，激发区域的经济活力，甚至旅游业可成为区域重要的产业、支柱产业。

（4）在一定程度上改善生态旅游地的基础设施。生态旅游的发展可促进生态旅游地的交通、市政等基础设施建设，如促进交通的多样化、现代化和网格化，交通发展促进了旅游发展，旅游发展也为交通提供了客源。

3. 生态旅游促进区域社会进步

旅游者的流动不仅是人群的流动，还带来了信息流、资金流、人才流等，也对生态旅游等诸多方面产生了影响，其积极影响主要包括以下几个方面。

（1）增加就业机会，稳定社会秩序。旅游业是劳动密集型产业，提供了较多直接的就业机会。生态旅游提倡团队规模小型化、服务专业化、环保严格化，客观上创造了更多的就业机会。同时，按照国际惯例，旅游业直接就业与间接就业的比例是1:5，旅游发展吸纳了大量的社会闲散人员、失业人员、下岗人员，为社会经济发展和环境保护提供了较稳定的社会秩序。

（2）提供公众对可持续发展的认识，培养相关人才。以生态旅游为代表的可持续发展是人们在旅游发展中对人类社会未来发展的可持续发展主题的积极响应和深刻理解，是在全社会范围内广泛宣传可持续发展战略的一种有效途径，让人们自觉地接受可持续发展理念，促使人们从被动保护生态旅游资源和环境改变为主动积极保护生态旅游资源环境，如变砍树为护树、种树，为今后社会经济可持续发展奠定了基础。

（3）通过示范作用，提高生态旅游地居民的素质。生态旅游者既是生态旅游资源和环境的使用者，又是生态旅游资源与环境的自觉保护者。通过生态旅游者热爱自然、保护自然的潜移默化的影响和模仿学习等，提高当地居民生态保护的自觉性，使他们自觉改变了生产方式、生活方式等，促进了生态旅游地居民文明素质的提高。

（4）消除生态旅游地民族隔阂，促进社会安定。旅游是一种社会性活动，一方面生态旅游的开展要求全社会积极支持，全社会来创造优美的旅游环境，另一方面生态旅游业的发展，可促使不同的国家和地区、不同的民族和文化交往增多，有助于消除民族和社会的隔阂，促进民族相互了解和相互团结，共同促进区域的安定团结。

（5）促进生态旅游地民族文化的发展。生态旅游既有自然生态旅游，又有民族文化生态旅游。其中，民族文化生态旅游的发展促使一些民族文化资源的挖掘、整理、继承保护和发扬，实现民族文化资源的价值，提高了民族文化的知名度，将会增加民族的自信心，振奋民族精神，并积极开展广泛的科技文化交流，促进区域文化生态的发展。

知识链接

生态旅游助力绿色发展

作为全国首批、西部唯一的国家生态文明试验区，多年来，贵州坚持守好发展和生态两条底线，把“大数据、大旅游、大生态”作为“三块长板”打造，通过发展生态旅游助力行业转型升级，描绘出山水林田湖草与生态文明交相辉映的贵州画卷，用生态旅游带动绿色经济发展，实现了人民富、生活美的美好愿景。

守好两条底线

“荔波、梵净山、赤水竹海……每一次来贵州都能见到不一样的美景。”安徽游客顾超第三次到贵州旅游时说。

黔山贵水，绚烂多姿，绿意盎然。有着“山地公园省”美誉的贵州通过发展生态旅游让这绿色画卷更为生动。

“十三五”以来，贵州将旅游业作为支柱产业，积极打造“生态旅游”这块活招牌，深刻践行“绿水青山就是金山银山”的理念，牢牢守好发展与生态两条底线，走出了一条绿色发展的新路子。

据了解，贵州森林覆盖率已达 61.51%，世界自然遗产地达到 4 个；主要河流出境断面优良率 100%，县城以上城市空气优良天数比例超过 99%，绿色经济占 GDP 比重达 42%……一份份亮眼的成绩单，使绿色成为贵州旅游业高质量发展的鲜明底色。

实现双赢发展

近年来，贵州抢抓机遇，把大生态作为全省的三大战略行动之一，推动大生态与大旅游融合发展，实现了“旅游＋生态”的双赢。

“种植奈李，既可以让荒山变绿，又增加了村民的经济收入。”铜仁市印江自治县符家沟村党支部书记杨云富开心地说。

该村以“山上绿色屏障、山中经果飘香、山下美丽乡村”为目标，持续开展退耕还林项目，曾经贫瘠的荒山已变成生机盎然的绿色产业园。村里采摘游也随之火热起来，实现了旅游、生态双发展。

2013 年，玉舍森林旅游景区滑雪场建成开业，随后逐步扩展建设野玉海山地旅游度假区、森林康养试点基地。如今，该景区已扩展为集山地运动、避暑休闲、文化体验、森林康养、冰雪运动、生态科普于一体的综合型新兴旅游度假区。

近年来，遵义市湄潭县龙凤村田家沟退耕还茶，因地制宜建起茶园，实现了从传统农业村到全国农业旅游示范村的转变，生态环境附加值日益增加。“村里开了很多农家乐，还推出茶叶采摘体验游，周围的环境越来越好。”村民杨国琴笑着说。

铜仁市江口县太平镇云舍村通过挖掘民俗文化特色，大力发展乡村生态旅游，走出了一条人与自然和谐共生的“景区带村”生态旅游扶贫特色发展之路。

绘就“富民山居”

旅游业为贵州在生态保护与群众致富之间找到了同向而行、相互促进的结合点。如今，贵州各地正以生态旅游带动产业发展，奋力实现乡村振兴。

在赤水市黎明村，村民们依托自然资源成立旅游公司，开发漂流项目，一年时间便有了成效。“村民们既是景区职工，也是股东。去年入股的村民每股分红就有 5 000 元。”做了 18 年村党支部书记的王廷科感慨道，“事实证明，吃‘生态饭’的路我们走对了。”

除了因地制宜发展特色旅游，黎明村还打起了“生态旅游牌”，通过“退耕还竹”营造的竹海每年都吸引众多游客，村内生态得到修复，村民的钱袋子也鼓了起来，日子过得越来越红火。

毕节市黔西县新仁苗族乡化屋村大力发展苗绣、种植、旅游等多种产业，不断优化生态环境，形成了“乌江源百里画廊”。生态旅游为化屋村带来新的机遇，让昔日的穷山沟变成环境美、产业强、群众富的生态旅游村。

“自从村里发展旅游业后，我在家门口找到了工作，既能照顾家人，又有很好的收入，很开心。”化屋村旅游导游服务队队员王琼说。

（资料来源：何瀚章. 贵州：生态旅游助力绿色发展. 中国旅游报，2021 年 7 月）

经验与启示

日照港的实践充分证明，保护生态与发展经济绝非零和博弈，虽然在转变过程中，不可避免地要付出眼前利益的代价，承受短期的阵痛，但是只要保持定力，失去的知识效益低下、难以持续的粗放式增长，换来的是经济效益、社会效益和生态效益的多赢共赢。

（一）坚持问题导向，坚定不移走生态优先绿色发展新路

海湾地区是沿海经济社会最为发达的区域，人口和社会经济要素的高度聚集带来了巨大的环境压力，海洋生态环境问题最为突出。因此，海湾是生态环境保护的关键区域，也是践行“绿水青山就是金山银山”理念、协同推进经济高质量发展和生态环境高水平保护的战略要地，是海洋生态环境治理必须啃下的“硬骨头”。相较于陆域和流域环境治理，海洋生态环境治理工作基础相对薄弱，治理体系的短板更为突出。海湾生态环境涉及陆域、

流域和不同行政区域，环境保护责任划分和落实难度较大。海洋生态环境治理难度较大，回报率预期不明确，社会资本介入少，治理更多需要依靠行政力量和财政资金，市场体系不健全。另外，海洋监测、监管能力尤其是海上环境应急和执法能力还存在明显“瘸腿”。

鉴于此，牢固树立新发展理念，深入贯彻习近平生态文明思想，牢牢把握生态环境保护的战略定力，做到方向不变、力度不减，坚持生态优先、绿色发展不动摇，坚持依法治理环境污染和依法保护生态环境不动摇，坚守生态环境保护的底线不动摇。深入总结全国经验，突出问题导向、目标导向，强弱项、补短板，既强调与国家环境治理体系大格局的统一性，又考虑海洋生态环境的特殊性，依靠理念创新、制度创新、科技创新，突破固有的传统思维定式和治理模式，构建现代湾区环境治理体系，巩固和深化污染防治攻坚战取得的成效，助推海洋生态环境实现根本好转。

（二）创新发展思路，在良性发展中实现生态持续优化

生态环境问题是发展过程中产生的问题，最终也要依靠良性发展来解决。环境治理不能头痛医头、脚痛医脚，而应该从根源上找症结、去病灶，通过转变发展理念，在良性发展过程中实现环境持续改善。沿海地区是我国经济最发达的地区，也是最有能力先行解决生态环境问题的地区。日照市在还岸于城、还海于民的前提下，利用退出来的港口工业岸线实施整治、修复，恢复再造一个美丽的金沙滩，让相邻灯塔景区的生态岸线得以自然延伸；同时南端的10吨级煤码头在煤炭搬迁后停止使用，作为港口历史文化要素加以保留，供游客参观游览，把腾空的岸线和土地打造成非常美丽的沙滩景区，与北部相邻的灯塔景区、万平口等景区形成完美整体，使这条港口工业岸线变成集生态旅游、海洋文化、历史建筑、亲水人文于一体的生态休闲观光区域。这一方面解决了港城不协调问题，另一方面腾空的后方土地大幅升值，企业开发便有信心、有干劲了。这样一来，政府满意、企业积极、百姓拥护，制约港城融合发展的扣就解了。

（三）总结经验，构建湾区生态环境治理体系

湾区治理中，“一湾一策”个性化精准治理是具体路径，但构建系统治理体系是全面提升解决沿海区域性生态问题能力的基础和保障。全国各地湾区治理在产业升级和发展转型方面有些地方已经取得了良好成效，在实践“两山”论、实现高质量发展和高水平保护方面探索出了自己的路子，可在全国范围内提炼总结经验，构建湾区生态环境治理体系。

（1）构建湾区生态环境保护区域协调机制。海湾生态环境问题涉及海域、陆域、流域和不同的行政区，很多情况下海洋环境污染的责任难以划分清楚，生态环境保护的措施任务与目标指标难以有效衔接。因此，针对重点海湾河口，应该建立生态环境保护综合协调机制，统筹协调重点湾区环境治理中的重大问题事项，充分发挥各流域海域局的作用，建立协作协商和信息通报制度，协调解决湾区左右岸和流域上下游不同行政区间的生态环境治理工作，构建污染联防联治工作机制。

（2）加强生态环境保护陆海统筹。新一轮国家机构改革在国家部委层面打通了陆海生态环境管理职责，但在省市地方层面，流域管理、环境管理、海洋管理仍处于融合融入的转型期，相关职责交叉、权责不清的问题依然存在，陆海统筹协调机制的建立仍面临巨大

挑战。应该在深入总结和进一步做好湾长制、河长制等工作的基础上，探索构建跨部门的综合协调机制，实现海湾生态环境治理的方案规划统一、目标指标统一和实施落实统一，真正发挥相关职能部门在海湾生态环境治理方面的合力。

（3）提升湾区生态环境治理监管能力。加快推进湾区海洋生态环境保护监管能力建设，提高海洋检测机构基础能力水平，加强海洋生态环境监测人才队伍建设，完善海洋生态环境监测站点网络布局。加强海洋应急和执法能力建设，补齐海上机动能力短板，逐步建立政府主导、企业参与的国家海洋环境应急响应体系。提高湾区海洋生态环境保护监管信息化水平，构建海洋生态环境信息化监测体系。深入开展污染物溯源解析、污染治理、生态修复恢复等技术研发，加强技术产品的市场化转化应用，为湾区生态环境治理提供科技支撑。

第五章
倡导绿色生活

本章导读

习近平总书记指出："生态环境没有替代品，用之不觉，失之难存。"生态文明建设，是一场输不起的硬仗，不仅是党委政府的职责所在，也是每一个人的应尽义务，需要大家的共同努力和积极参与。从提倡绿色出行到鼓励绿色居住，从倡导绿色饮食到普及绿色消费，大到购买节能与新能源汽车、高能效家电、节水型器具等低碳节能产品，小到减少塑料购物袋、餐盒等一次性用品的使用，或者随手关灯、拧紧水龙头、遵守标准设定空调温度……都是在践行绿色消费理念和绿色生活方式，都是在为绿色发展与生态文明建设作出积极贡献。

既然同呼吸，就要共责任。绿色发展，靠你靠我；绿色生活，有你有我。汇聚点滴，方成江海。绿色生活，需要我们大家从自己做起，从现在做起，从身边小事做起。只要我们"像保护眼睛一样保护生态环境，像对待生命一样对待生态环境"，凝聚起最广泛的生态共识，汇集起最强大的生态合力，就一定能让蓝天常在、青山常在、绿水常在。

学习目标

★知识目标

1. 了解绿色消费的概念和内容。
2. 熟悉绿色出行方式。
3. 掌握绿色居住的相关内容。
4. 掌握绿色饮食的相关内容。

★技能目标

1. 坚持绿色消费、绿色出行、绿色居住和绿色饮食。
2. 在日常生活中规范环保行为。

★思政目标

1. 牢固树立生态文明观念。
2. 增强生态文明情感。
3. 养成生态文明习惯。
4. 承担生态文明建设的责任和义务。

学习重点

掌握绿色生活的相关知识，牢固树立生态文明观念，在社会实践和个人生活中践行生态环保理念，掌握生态文明技能，养成生态文明习惯，做到知行合一。

第一节　绿色消费

扫一扫 学一学

一、绿色消费概述

（一）绿色消费的含义

绿色消费有三层含义：一是倡导消费者在消费时选择未被污染或有助于公众健康的绿色产品；二是在消费过程中注重对垃圾的处置，不造成环境污染；三是引导消费者转变消费观念，崇尚自然、追求健康，在追求生活舒适的同时，注重环保、节约资源和能源，实现可持续消费。绿色消费既是一种消费理念和消费价值观，同时又是在这种消费理念指导下的一种消费实践和消费模式。

（二）绿色消费的具体内容

绿色消费具体包括以下内容。

1. 绿色购买

绿色购买是指消费者对环境友好产品或绿色产品的购买或消费行为。消费者的绿色购买不仅可以提高自身的生活品质、保障消费安全，还可以减轻自身消费行为对环境的负面影响。更重要的是，这种购买行为将会向生产者发出绿色信号，促使更多的企业实行绿色生产，申请绿色认证和提供绿色产品。

2. 抵制或拒绝购买

这是指不购买或少购买对环境有害的产品。对环境有害产品的不购买和少购买可以避免或减轻由此消费而带来的环境恶果，还会使这类产品的市场萎缩，从而迫使企业转变生产方式，研发环境友好型替代技术和产品。

3. 重复使用

重复使用有以下几种情形：一是对尚可以使用的一次性使用产品进行多次使用；二是转换产品使用用途，如将产品包装用于储物、装饰；三是转换产品使用者，如将仍然可以使用但不愿（或不能）再使用的物品（如旧家电、旧汽车、旧服装等）转移给对其有需求的新的消费群体；四是对产品功能故障予以修复后再继续使用。重复使用不仅延长了产品的使用寿命，还拓宽了产品的使用领域，增强了消费的可持续性，有利于资源的合理利用和环境保护。

4. 资源节约

重复消费是资源节约，除此之外，资源节约更表现在对水、电、石油等稀缺性资源产品的节约消费方面。资源节约包括购买资源节约型产品，如节能灯、节水便池、节水洗衣机和省油汽车等；在使用过程中采取节约措施，如随手关灯（水龙头）、少开空调、及时对耗能产品进行维护和保养、出行尽量少开私家车而是选择公共交通等。我国人口众多，人均资源拥有量低，资源的利用率也偏低，资源节约行为的意义重大，潜力也巨大。

5. 简约消费

简约消费表现在 3 个方面：一是在消费观念上淡化物质欲，强调内心成长和精神追求；二是在消费量的选择上满足需要即可，不浪费、不铺张；三是选择简单适用的产品，不追求复杂的功能和华美的外表。简约消费是对消费主义的革命，可以抑制消费炫耀和攀比之风，有利于消费者身心的全面发展。当前我国消费者从整体上正在告别温饱、迈向小康，伴随收入水平的提高，消费结构的升级必然出现。在消费转型和结构升级的过程中，倡导简约消费，避免追求片面的物质消费，注重物质消费和精神文化消费的全面发展与和谐统一，具有重要意义。

6. 消费垃圾分类与资源回收

消费之后产生一定量的垃圾或废弃物总是不可避免的。消费者对废弃物的分类回收和处理同样具有意义。专家们认为，废弃物是放错了位置的资源，很多废弃物具有可回收利用价值，如废纸、包装物、废塑料制品、废金属制品等。对废弃物进行分类和集中投放，一方面有利于对其所含有用物质加以分解、提炼和回收利用；另一方面有助于对完全不具有任何使用价值的废弃物进行归类处理，减少其空间占用和环境污染，也降低了废弃物回收和处理的社会成本。

绿色消费的内容是很丰富的。绿色消费涉及消费过程的全部环节，包括产品购买、使用、处置活动或行为。

知识链接

推动绿色消费　促进绿色发展

促进绿色发展，是推动经济高质量发展的内在要求。2022年初，国家发改委、商务部等部门联合发布《促进绿色消费实施方案》，对进一步促进绿色消费作出部署。随着政策逐步落地见效，绿色消费方式正成为越来越多消费者的自觉选择，绿色低碳产品的销量和市场占有率进一步提升，一些重点领域企业也更加主动地向绿色企业转型。

（一）绿色理念更加深入人心

“少用一个塑料袋、少用一双一次性筷子，绿色低碳消费不妨先从这些小细节做起。”北京市朝阳区某金融机构员工谭莉说。2021年，她参加了一个海洋环保主题的讲座，了解到塑料制品带来的海洋污染，“从那以后，我就提醒自己，一定要力所能及地减少使用一次性用品。”

点外卖，是谭莉几乎每天都要经历的场景。她打开手机里的外卖APP，选好菜品进入结账页后，在餐具数量栏的旁边有一行绿色字体的提醒：“选‘无需餐具’，能量+10。”谭莉告诉记者，选择了这项服务后，商家送餐时将不再附带一次性餐具，从而减少了很多不必要的浪费。

民以食为天，提升食品消费绿色化水平是促进绿色消费的重要内容。商务部消费促进司相关负责人介绍，商务部联合中央文明办开展“光盘行动”，推动出台《绿色餐饮经营与管理》《宴席节约服务规范》等标准，鼓励广大餐饮企业自觉开展勤俭节约活动。其中，“半（小）份菜”和“不带餐具”外卖等已成为行业新风尚。

为从源头减量、推动降低一次性塑料餐具消耗，美团2017年启动“青山计划”，上线外卖“无需餐具”服务。5年来，美团通过激励消费者减少使用一次性餐具、引导平台商户提供绿色服务、实施生态保护公益项目等举措，已有超过2亿用户使用“无需餐具”功能，环保订单占比增长近40倍，超过80万商家加入了“青山”公益行动。

“能明显感觉到选择‘无需餐具’的顾客越来越多。”北京市海淀区一家湘菜馆负责人李耀说。很多人的消费理念更加成熟、理性，即便是不收费的一次性餐具，也不再“不要白不要”，而是按需索取、杜绝浪费。“人们的消费理念和外卖平台的服务有了互动，形成了良性循环，带动行业向着更加‘绿色’的方向发展。”李耀说。

从食品消费到衣着消费，从居住消费到交通消费，从家电消费到文旅消费，绿色消费成为新时尚。逛商场，绿色低碳的标识随处可见，绿色产品柜台多了起来；买家电，绿色节能产品选择更加丰富，很多还能享受节能补贴；去旅游，一次性用品成为越来越多酒店的可选服务，助力绿色环保……

商务部消费促进司相关负责人表示，商务部加强绿色消费宣传，通过2022国际消费季、全国消费促进月、全国网上年货节、中华美食荟等活动，大力倡导绿色消费理念、低碳生活方式，反对餐饮浪费。将继续组织带动中介组织和龙头企业举办“绿色可持续消费宣传周”“青山计划”等形式多样的活动，积极营造全社会绿色、健康的消费氛围。

（二）绿色供给更加丰富多彩

“刚给新房装修完，选的全是绿色建材。这不，又选了一整套绿色节能家电！”在苏宁易购北京市朝阳区杨闸店，前来选购家电的消费者王薇说。如今，绿色智能家电的产品供给更加丰富，消费者的选择空间更大，还能享受节能补贴。

家电消费是居民消费的重要组成部分，人们对绿色智能家电的升级消费需求旺盛。2022年7月，商务部等13部门联合发布《关于促进绿色智能家电消费若干措施的通知》，明确了开展全国家电“以旧换新”活动、推进绿色智能家电下乡、拓展消费场景提升消费体验、优化绿色智能家电供给等举措，进一步激发绿色智能家电消费需求。

2022年8月，商务部启动“2022全国家电消费季”，统筹指导各地商务主管部门组织举办家电消费促进活动、提升家电消费体验、优化家电售后服务，为消费者提供更多实惠、更多选择、更多便利。苏宁易购以“2022全国家电消费季”为契机，推出旧家电回收免上门费、新机极速送装等服务，并开展了以旧换新补贴活动。活动开展以来，苏宁易购全渠道新一级能效大家电销量同比增长95.3%，线下门店客流明显上涨，在江苏的多个门店，一、二级能效的变频空调、冰箱、彩电销量同比翻倍。

“买家具，绿色环保是关键。”在上海市杨浦区某家居大卖场内，为孩子选购新书桌的消费者郝伟说。实木和板材哪个更环保，板材不同级别哪个更安全，新书桌到家多久才能放心使用，这些成为他向销售员询问的重点。郝伟说，越来越多商家意识到绿色消费趋势，增加了绿色、智能、健康产品供给，在营销中也注重打“绿色牌”，“纯实木”“零甲醛”“高环保等级”等成为重点介绍内容。

工信部、商务部等部门于2022年8月联合发布《推进家居产业高质量发展行动方案》，明确提出增加健康智能绿色产品供给，包括编制发布升级和创新消费品指南，以智能、绿色、健康、安全为导向，深挖潜在市场，细分领域，细化品种，扩大市场供应，加强消费引导。积极开发节能、节水、环保、低噪声的绿色家电，传承推广传统中式家居文化，发展天然材质家居产品。

新能源车的供给更加丰富。2022年上半年，我国新能源汽车销量同比增长1.2倍。商务部等17部门于2022年7月印发《关于搞活汽车流通　扩大汽车消费若干措施的通知》，提出研究免征新能源汽车车辆购置税政策到期后延期问题；深入开展新能源汽车下乡活动，促进农村地区新能源汽车消费使用；加快推进充电设施建设，提高充电使用便利性等举措，支持消费者购买使用新能源汽车。

（三）绿色转型更加积极主动

“再也不用担心弄丢购物小票了。现在，购物记录在手机上就能查看，方便又环保。”在银泰百货浙江杭州武林店，前来购物的马菲说。2022年，全国各地的银泰百货商场陆续实现了喵街APP收银无纸化和发票电子化，还通过化妆品空瓶回收得购物券、倡导自带购物袋、旧衣回收换鲜花等活动，打造绿色消费体验。

设置绿色产品专柜、合理控制商场室温、提供新能源充电设施……商务部发布绿色商场创建评价指标，指导各地加大政策支持力度，推动绿色流通主体培育工作提质增效。在相关政策引导下，提供绿色服务、引导绿色消费、实施节能减排的绿色商场越来越多。截至2022年3月，全国已累计创建绿色商场500多家，给消费者带来绿色、安全、健康的购物体验。

“换上电动物流车，安全又便利。”在京东“亚洲一号”智能产业园区，驾轻就熟使用电动物流车的第一传站车队负责人王帅说。王帅是京东物流用车从燃油车转向低碳电动化的见证者与参与者，他感受到了“转”的决心：“我们在2017年就把北京的自营城配车辆全部更换为新能源车辆了。”

商务部注重促进电商绿色发展，出台推动电子商务企业绿色发展的政策文件，引导电商企业节能增效、快递包装绿色转型，培育电商平台绿色发展生态。此外，还鼓励电商企业结合网络促销活动，开设绿色产品专场，加大绿色产品的销售力度；设立绿色包装专区，推动平台内经营者更加主动地使用绿色包装。

采购绿色食材、推出小份菜、提醒消费者适量点餐、鼓励消费者将剩余食物打包……这些倡导简约适度、鼓励绿色消费、反对餐饮浪费的有效举措，正成为越来越多餐厅的标配。从相关部门到行业协会再到餐饮企业，制止餐饮浪费、鼓励厉行节约成为共识。2020年，在中国饭店协会指导下，美团联合西贝莜面村、觅唐等餐饮商家发布《可持续餐饮商户指南》，在可持续食材、可持续门店、可持续包装等方面践行绿色可持续发展。“未来我们将继续携手各方，深入推动行业绿色低碳发展。”美团高级副总裁王莆中说。

商务部消费促进司相关负责人表示，将继续指导各地商务部门和商贸流通企业大力倡导简约适度、绿色低碳文明健康的生活方式，更好推动绿色商场创建，高质量发展二手商品流通，引导电商企业绿色发展，促进汽车、家电等领域的绿色消费，构建新型再生资源回收体系，全面促进消费绿色低碳转型升级，为推动高质量发展作出新贡献。

（资料来源：光明网 2022-09-07，https://m.gmw.cn/baijia/2022-09-07/36008366.html）

二、实现绿色购物

购物消费是每个人生活中的必需行为，人们的购物行为会对环境产生直接影响，比如是使用一次性塑料袋，还是自带可重复使用的布袋。绿色购物就是要在满足人们需要的同时，可以最大限度地避免或减少对环境的破坏性影响，避免或减少对动物的伤害，同时也作出更有利于自己身体健康的选择。以下的购物细节会帮助人们实现绿色购物。

（一）购买简单包装的商品

现在有些商家会对商品进行过度包装，比如数层包装、纸盒包装加塑料袋包装，其包装价值或体积甚至远远超过商品本身，近年来中秋节使用的月饼包装就是典型的例子。这样的过度包装会给环境带来双重不利影响：首先，它会浪费大量原材料用于制造多余的包装；其次，商品在被购买后，过度包装就成了垃圾，需要焚烧、填埋处理，对环境不利。因此，购买简单包装的商品更环保。

（二）购买大包装商品

购买食用油、米、面、洗涤剂等日用必需品时，尽量选择最大包装，以减少包装垃圾。

（三）自带购物袋

外出购物时，应自带可循环使用的环保购物袋，以减少一次性塑料袋造成的“白色污染”。尽管废弃的一次性塑料袋会被填埋处理，但其降解速度缓慢，对环境的影响长达几十年，甚至几百年。同时，误食塑料袋可导致野生动物死亡。

（四）购买和使用非一次性物品

一次性产品因其方便、清洁而受人青睐。但杯子、餐具、桌布及餐巾等一次性商品，需要消耗珍贵的自然资源，如树木等；一次性的剃须刀、打火机等会对环境造成污染。所以，尽量购买和使用非一次性物品来替代一次性物品。

（五）购买带有绿色产品标记的产品

绿色产品标记代表产品高品质、无污染或低污染，因此这类产品更有利于人们健康和环保。

（六）购买大瓶装的饮用水或饮料

如果必须购买瓶装饮用水或饮料，建议购买大瓶装。因为比起小瓶装的饮用水或饮料，大瓶装在制造过程中更节省资源。另外，在回收过程中，大瓶所耗费的能源也更少。

（七）不要购买过多的物品

购买过多的物品，一方面浪费钱财，另一方面也会增加处理垃圾的负担。比如，食物购买得太多，既浪费，还会产生多余的厨余垃圾，不符合环保节能的理念。

（八）避免购买对环境和动物不利的产品

某些产品会对环境和动物产生不利影响。比如毛皮服装，可危及动物的生存；羊绒制品，可危害草原。因此，购物时应尽量避免此类产品。

知识链接

绿色消费“三字经”

要购物，绿色好，既低碳，又环保。
莫浪费，不滥购，莫透支，不铺张。
节资源，拒污染，省能源，减排放。
去超市，细选购，品牌多，货物好。
散装廉，简装好，精挑选，看商标。
对包装，防过度，拎布袋，提竹篮。
穿布衣，远裘皮，拒蛇蛙，绝野味。
包装物，分类放，闲置品，可交换。
网上购，耗时少，能刷卡，少用钞。
消费者，倡简约，讲品位，又时尚。

（资料来源：钟恒元．绿色消费“三字经”．绍兴网，2012年5月31日．整理）

第二节　绿色出行

所谓绿色出行，就是采用对环境影响最小的出行方式，即节约能源、提高能效、减少污染、有益健康、兼顾效率的出行方式，如乘坐公共汽车、地铁等公共交通工具，合作乘车、环保驾车、文明驾车，或者步行、骑自行车等。努力降低自己出行中的能耗和污染，就是低碳的“绿色出行”。

扫一扫 学一学

一、步行好处多

（一）有效减少机动车尾气的排放量

调查表明，我国许多城市的机动车尾气已成为大气污染的首要来源。数以万计的机动车日复一日地污染着人们赖以生存的空气，越来越多的城市人充当着“吸尘器”。据调查，在我国，空气污染每年使40万人感染上慢性支气管炎。而步行人数的增加，则可以减少机动车的使用，也就有效减少了机动车尾气的排放量，维护人们的健康。此外，步行还对人们的健康有益处。

（二）有效减少能源和资源的消耗和浪费

有关资料显示，我国每年机动车的能源消耗占国内石油总量的85%。我国公路建设用地占用大量土地资源，停车场所也占据了城市的宝贵地段，洗车浪费大量水资源，等等，这些均导致能源、资源消耗过高，造成了巨大浪费。而增加步行，也就减少了机动车的使用，从而减少了石油资源、土地资源、水资源等的浪费。

（三）既能减少肺病的发生，又能减少交通事故的发生

相关报告显示，我国肺病的发病率比过去30年翻了一番，这与空气污染密切相关，肺病发病率的增加导致医疗费用的增加。据报道，中国每年发生交通事故数十万起，伤亡人数多达60余万，直接经济损失达数十亿元。因车祸、交通堵塞造成的经济损失更是难以估计。而增加步行，既可以减少机动车尾气的排放量，减轻空气污染，从而减少人们肺病的发生率，又可以减少机动车的使用率，从而减少交通事故的发生。

（四）费用低廉，随时可以进行

步行是免费的，而且不需要专门设备。当然，由于种种原因，如上班离家较远，远途旅行等，所有出行只靠双脚是不现实的。但是，只要人们有“低碳”的意识，就会尽量去选择合适的绿色出行的方式，尽可能做到环保。

二、骑车更环保

（一）骑自行车更环保的原因

表5-1和表5-2中列出了各种交通出行方式（步行除外）的耗能情况和碳排放情况，通过这些数据的比较可以发现，最环保的出行方式是骑自行车。

表5-1　不同交通出行方式的耗能情况

交通出行方式	公共汽车	私家车	摩托车	地铁	自行车
耗能/（人×千米）	1	8.1	5.6	0.5	0

资料来源：《中国交通能源与环境政策研究》，人民交通出版社。

注：设定公共汽车每人每千米耗能为1。

表5-2　不同交通出行方式的碳排放情况

交通出行方式	公共汽车	私家车	摩托车	飞机	地铁	长途汽车	火车	自行车
碳排放/[千克CO_2/（人×千米）]	0.037	0.18	0.075	0.18	0.063	0.019	0.062	0

从这些数据可以发现，自行车是最环保的出行方式，而私家车、飞机和摩托车的能耗和碳排放量都很高。因此，要做到绿色出行，应从以下几方面入手。

（1）近距离时，尽可能选择步行、骑自行车的方式出行。

（2）城市内远距离乘车出行时，尽可能选择公共汽（电）车、地铁等对环境污染较小的公

共交通工具。

（3）长途旅行时，可尽量选择长途汽车或火车出行。

（二）骑自行车的好处

1. 骑自行车能够预防大脑老化

现代运动医学研究结果表明，骑自行车是异侧支配运动，两腿交替蹬踏可使左、右两侧大脑功能同时得以开发，防止大脑早衰及偏废。另外，骑行时全身血液循环加速，大脑可以摄入更多的氧气，这样有利于脑组织代谢，可以延长脑细胞生存时间。

2. 骑自行车能够提高心肺功能

骑自行车对于锻炼双肺的呼吸功能比较好，所以经常骑自行车对于呼吸系统的改善有较大好处。经常骑自行车，能够使心肌收缩有力，还能有效增加肺活量，使血管壁的弹性增强，减轻血管硬化，对防治高血压有一定的好处。

3. 骑自行车能够增强抵抗能力

经常骑自行车，可以使身体得到一定程度的锻炼，对于提高机体的抵抗能力及免疫力都有较多好处，同时还能减少各种疾病的发生。

4. 骑自行车能够增强下肢肌肉力量

骑自行车时，下肢关节处于运动的状态，对于下肢肌肉的锻炼有较多好处，同时还能增强下肢肌肉力量。

5. 骑自行车能够减肥

自行车可以作为一种减肥的有效工具，骑自行车是一种有氧运动，经常骑自行车的人能够消耗较多热量，从而收到明显的减肥效果。但是，骑自行车减肥必须要持之以恒。

 知识链接

骑自行车减肥的持续时间

无论是骑自行车，还是在健身房里蹬固定自行车，都是不错的减脂运动。骑自行车每小时消耗热量 480 大卡，与同等强度的跑步消耗的热量差不多，因此，骑自行车减肥不仅快，而且对双脚的冲击力小。骑自行车减肥最好持续 40~60 分钟。低于 40 分钟，无法保证减脂效果；超过 1 小时，则会对身体造成伤害。

在健身房，固定自行车最受人们欢迎，因为锻炼时不仅可以坐在上面看电视、听音乐，甚至卧式的固定自行车还装备了靠背，使锻炼者很舒服。锻炼者通过固定自行车进行有氧运动时，在运动的前 20 分钟到 30 分钟内，消耗的是人体内由食物转化的糖原；运动 30 分钟后，身体才开始分解体内的脂肪。因此，低于 40 分钟的固定自行车运动，虽然能

对心肺起到一定的锻炼作用，但并不能消耗更多脂肪。

（资料来源：骑自行车运动的相关常识.聚优网，2020 年 11 月 5 日.整理改写）

（三）骑自行车的注意事项

（1）骑行前要查看空气质量预报，做到健康出行。

（2）遵守交通警指示灯的指令。

（3）在无交通指示的路口要停下来看清、看准，环境许可才可通行。

（4）要中速慢行，且双手要扶车把，切勿骑“英雄车”，尤其在多人同行时，禁止在路上骑车比速度。

（5）骑车时要走非机动车道。

（6）自行车停放时，要停在规定的非机动车道的自行车停放区，不要占用行人道路和盲道。

（7）由于骑车对关节的压力比跑步和爬山要小，人们也越来越多地利用骑行来健身，但过度运动或者姿势不对也会造成关节损伤，尤其是本身关节有问题的人。此外，有心血管基础疾病的人，骑车也要量力而行，以不感到疲劳为宜。

（8）骑自行车除了强度和时间要适度外，保持正确的骑车姿势也非常重要。要保持正确的骑车姿势，需要注意以下几点。第一，要把车把的高度、车座的高度调整好。保证骑行者坐在车座上，脚踩踏板到最下面时，膝盖稍微弯曲即可，以防肌肉拉伤或关节磨损。第二，在踩踏板时，尽量确保膝盖不要完全伸展，因为这样会使人体重心移至人的腿部，造成身体的伤害。第三，骑自行车时应经常挺起身体，这样能够促进血液流畅。第四，骑车时间较长时，要注意变换骑车姿势，使身体的重心有所移动，以防会阴部某一点长时间着力而擦伤。

三、绿色动能

新能源一般是指在新技术基础上加以开发利用的可再生能源，包括太阳能、生物质能、风能、地热能、波浪能、洋流能和潮汐能，以及海洋表面与深层之间的热循环等；此外，还有氢能、沼气、酒精、甲醇等。

目前，作为交通工具动力来源的新能源主要有燃料电池、纯电动、液化石油气、氢能、太阳能和其他新能源（如高效储能器）等。

（一）纯电动汽车的优点

按动力系统对我国的新能源汽车进行划分，纯电动汽车是我国产销最多的新能源汽车种类。2021 年，纯电动汽车产量占我国新能源汽车总产量的 82.99%，销量占我国新能源汽车总销量的 82.82%。纯电动车的优点很多，主要包括以下四方面。

1. 环保

纯电动汽车在运行过程中可以实现零污染，完全不排放污染大气的有害气体。即使按照耗电量折算成电厂的排放，造成的污染也比传统的汽车少，因为电厂的能量转换率更高，而

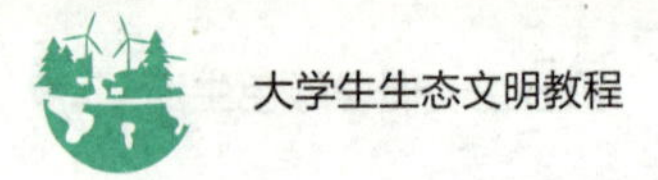

且集中排放更容易净化减排。

2. 节省燃料费用

虽然不同品牌和型号的纯电动车在百千米电能消耗方面有所区别，但是基本算下来，纯电动车百千米的电费消耗只相当于相同车型油费的1/5左右。如果是长时间在拥堵的市区内行驶，费用的差距还会加大。

3. 静音性能更好

与车型相同的传统汽车相比，由于电动机本身声响很小，只有轻微的电流声，尤其在中低速阶段，纯电动车的行驶噪声会明显降低，行驶的舒适度会显著提高。

4. 低速扭矩充沛，适合市区行驶

电动机的动力特性与传统的内燃机明显不同，最大扭矩在起步阶段即可全部爆发，所以更适合在市区内行驶。即使电动机的功率较小，日常行驶也不会觉得乏力。

（二）汽车上使用的节能新技术

1. 动能回收系统

动能回收系统（Kinetic Energy Recovery Systems，KERS），顾名思义，就是把一些多余的、可能会被白白浪费掉的能量收集起来。这些多余的能量主要就是从刹车时获取。当车辆在行驶过程中需要减速时，人们会踩下刹车踏板，此时车辆前进的动能就会转化为刹车盘和刹车片上的热能。一般情况下，这些热能会全部白白浪费掉（所以，性能越高的刹车系统越讲究散热），而动能回收系统可以把这些热能收集起来，并重新转化为动能。

2. Start-Stop 技术

Start-Stop 技术的核心就在于自动控制熄火和启动，同时实现减少不必要的燃油消耗，降低排放，提高燃油经济性。这项技术主要适应于城市交通中等待信号灯或堵车时，它能够尽量降低发动机急速空转时间，并且在发动机熄火后，其电源能够取代皮带轮对发动机冷却风扇及车内空调提供运转动力。

3. 车身轻量化

所谓车身轻量化，就是采用现代设计方法和有效手段对车身产品进行优化设计，或使用新型材料在确保车身综合性能指标的前提下，尽可能降低车身产品自身重量，以达到减重、降耗、环保、安全的综合目标。目前，车身轻量化的问题在国际上越来越受到重视，各国纷纷都在对车身轻量化进行研究。欧洲铝协材料表明，汽车重量每降低100千克，则每百千米可节约0.6升燃油。大量使用铝合金的汽车，平均每辆汽车可减轻重量300千克（汽车重量从1 400千克降到1 100千克），寿命期内排放可降低20%。由此可见，伴随汽车轻量化而来的突出优点就是油耗显著降低。

4. 混合动力技术

所谓混合动力技术，是指汽车能够使用两种或两种以上能源作为驱动力的技术，而这些能源可能来自包括内燃机、电动机、氢能，以及燃料电池等。目前，市面上所能见到的应用混合动力技术的汽车（以下简称混动汽车）大多数采用内燃机和电动机的组合方式作为驱动力，其能源来自汽油和电池，这种油电混合的车辆可以被简称为HEV。混动汽车的燃油经济性能较高，行驶性能优越，在起步、加速时，由于有电动马达的辅助，可以降低油耗。辅助发动机的电动马达可以在启动的瞬间产生强大的动力。因此，驾驶混动汽车可以享受更强劲的起步、加速体验，并且实现较高水平的燃油经济性。

（三）绿色驾驶技巧

绿色驾驶技巧非常实用且有效，能够帮助人们成为最具环保意识的驾驶精英，更能在日常的驾驶中合理节省油耗和降低排放。绿色驾驶技巧虽然看起来很细微、很平常，却能让人们的驾驶生活变得更轻松、更前卫。绿色驾驶技巧主要包括以下几方面。

（1）计划好路线。如果每天少行驶 2 千米，那么平均每月可少消耗 6 升汽油，同时减少 270 克的二氧化碳排放。

（2）减少后备箱中物品。即使是只在后备箱中放一箱矿泉水，也会使每个月多消耗将近 1 升汽油。车上每增加 10 千克物品随车行驶 1 000 千米，就会多消耗 0.8 升汽油。

（3）少用空调。假定开空调使汽车的油耗增量平均为 10%，则百千米油耗为 6 升的微型轿车，每升汽油会少行驶 1 520 米；百千米油耗为 8 升的中型轿车，每升汽油会少行驶 1 100 米；百千米油耗为 10 升的大型轿车，每升汽油会少行驶 910 米。

（4）慢热车。车启动后在原地停留超过 1 分钟，对冷发动机的损耗非常大，不仅增加了 2.7% 的发动机故障风险，而且在这期间还增加了 11.3% 的二氧化碳排放。

（5）平缓加油。一次猛加油和一次缓加油相比，同样的速度，油耗相差可达 12 毫升，每千米会增加 0.4 克的二氧化碳排出。另外，由于急加速造成轮胎与地面的强烈摩擦而产生的噪声污染更是匀速驾驶时的 7~10 倍，轮胎磨损增加 70 倍；追尾风险增加 4.3 倍。

（6）合理换挡。发动机、加速踏板、挡位三位一体配合默契才能输出最佳动力，当发动机在 2 000~3 000 转 / 分钟转挡时，扭力比转速不足或空转时大 1.4%，此时发动机的磨损却减少 2.6%。

（7）离合器踩到底。半离合状态齿轮的磨损是完全离合磨损的 3 倍。

（8）尽量挂高挡。较低的挡位意味着较高的发动机转速和油耗。

（9）保持直线驾驶。尽量走直线的车比频繁变道的车每千米油耗平均节省 12%。

（10）保持车速。在风速低时，最省油的时速是 70~90 千米。

（11）高速行驶时不能开车窗。打开车窗，风阻将至少提高 30%，这将导致油耗的极大增加。

（12）勿盲自使用耗电设备。后风窗加热器每使用 10 小时，整车油耗将增加 1 升。

（13）慎用急刹车。每一次急刹车的成本是 0.1 元，并且 90% 以上的追尾都是由前车急刹车造成的。

（14）开车时不打手机。开车时打手机，驾驶者会下意识地把平均车速降低 17%，同时错过路口的概率也会随之增加 40%。

（15）避免让车长时间怠速。实验证明，发动机空转 3 分钟的油耗足够让汽车多行驶 1 千米。

（16）注意燃油品质。每辆车都有最适合自己的油品标号。任何一辆车，如果常年使用标号不匹配的汽油，其排放量将超过正常情况的 4%，发动机寿命平均缩短 1 年。

（17）短距离不开车。如果一辆汽车百千米耗油只有 8 升，但其驾驶者总是用起步时的油耗走完要去的所有地方，那么，这辆车会多消耗近 40 升汽油。

（18）保证轮胎正常气压。只要有一个轮胎的气压减少了 40kPa，那么这个轮胎就会减少 1 万公里的寿命，而且令汽车的总耗油量增加 3%。经测试，符合规定要求的胎压，可以降低油耗 3.3%。若轮胎气压降低 30%，当汽车以 40 千米/小时的速度行驶时，轿车的油耗将增加 5%~10%，柴油载货汽车的油耗将增加 20%~25%。

（19）定期保养汽车。在现实生活中，没有发生严重汽车故障的概率还不到 1%，因此，定期保养汽车可以降低故障率。

（20）定期给汽车打蜡。打蜡汽车的亮度比未打蜡汽车高 23%，被其他驾驶者发现的概率高 12%，事故率降低 3.2%。

知识链接

世界无车日

每年的 9 月 22 日是“世界无车日”。“无车日”最早是由法国发起的，其宗旨是增强人们的环保意识，了解汽车对城市环境造成的危害，鼓励人们在市区使用公共交通工具、骑车或步行。1998 年 9 月 22 日，法国 35 个城市的市民自愿发起在当天弃用私家车，成了法国第一个“市内无车日”。后来，法国首创的“无车日”在 2000 年 2 月被欧盟纳入环保政策框架内，9 月 22 日也因此成为“欧洲无车日”“国际无车日”，此后，这一活动迅速扩展到全球。

如今，保护环境、倡导绿色出行、发展节能型和新能源汽车已经成为全球共识。不少国际政要和社会名流也纷纷在不同场合中身体力行，倡导环保出行方式。我们不妨也放松心情，少开一天车，骑车慢行，感受美好的生活。

（资料来源：https://baike.baidu.com/item/世界无车日/8898253?fr=aladdin）

四、绿色生态旅游

绿色生态旅游是指以保护环境、保护生态平衡为前提，远离喧嚣与污染，亲近大自然，并能获得健康精神情趣的一种时尚旅游。它是可选择旅游的一种，通常与农村旅游（发生在农村、山区和渔村等的活动）有一定联系，具有自然旅游的环境兼容性，对目的地有很小或没有生态影响。

（一）绿色生态旅游前的准备

（1）出门旅游前，做好功课，了解旅游目的地的环境、文化和生物多样性。如果旅游目的地的生态系统非常脆弱，那么最好取消此次旅行计划，避免对当地环境和生物多样性造成不利影响。

（2）准备不含磷的天然洗发水、香皂和其他洗涤剂。在没有水处理设施的偏远地区，有毒物质会直接排入河道，污染水体。

（3）随身携带水杯。为了喝上安全洁净的饮用水，可以使用过滤杯或请当地人帮忙提供开水。

（4）精简行李，少带塑料制品。建议使用太阳能灯和充电电池。如果使用干电池，那么最好将电池带回家，并送到废电池回收点。

（5）尽量乘火车或公共汽车，少乘飞机，尤其是行程少于 700 千米的旅行。

（二）绿色生态旅游注意事项

绿色生态旅游提倡和要求每位旅游者保护环境，并且建议其在旅游观光时做到以下几点。

（1）在参观一个地方之前，要了解当地的自然环境和文化特点。

（2）尊重访问目的地的文化，不要将自己的文化价值强加于人，要尊重当地的风俗习惯。

（3）尊重别人的隐私和自尊，要先征得别人的同意再拍照。

（4）自觉做到不踩踏贵重植物，不采集受保护和濒危的动植物样本。

（5）不购买、不携带被保护的生物制成的物品。如象牙、龟甲、动物皮毛等。

（6）不随意丢弃垃圾、不污染水土，去特殊地区要配备特殊器具。

（7）积极参加保护自然生态的各种有益活动。

（8）在旅游过程中，尽量了解所参观地方的地理、习俗、礼仪和文化，花时间倾听人们谈论的东西，鼓励当地居民参加保护环境活动。

（9）只要可能，就采取步行或使用绿色交通工具的出行方式。

（10）认识到地球环境的脆弱性。要意识到，只有所有人都愿意帮助保护地球、爱护环境，独特而美丽的目的地才能被后代继续享有。

（三）游览自然保护区和野炊时的注意事项

通常情况下，人们在游览自然保护区和野炊时对环境造成的污染最直接，也最容易被忽视，有时甚至会造成难以挽回的伤害和损失。因此，下面着重介绍这两种旅游情形下的注意事项。

1. 游览自然保护区的注意事项

（1）游客只能在保护区指定的地点进行游览观光、科学考察、教学实习等活动。除指定地点外，不得擅自进入保护区其他功能区。

（2）自然保护区为常年防火区，不要在保护区内吸烟和用火。

（3）保护区内禁止随地乱扔废弃物或食物，游客应自觉将废弃物带出保护区或分类投入指定收集点。

（4）保护区内所有植物、动物、人文、历史和自然景观都应得到保护。游览时不要随意刻画景物、破坏景观。

（5）在保护区内，不得投食、喂饲和虐待野生动物。

（6）禁止污染保护区水源，不得在河流、小溪内洗刷碗碟衣物或用肥皂等洗澡。

（7）自然保护区生态保护良好，时常有小动物出没，因此，在徒步旅行、取景照相、捡拾落果或蘑菇时，要注意安全防范，谨防虫、蛇叮咬。

（8）不要穿越安全护栏，不要接近悬崖哨壁，更不能在山地间追逐嬉戏，以免造成严重后果。

（9）山区盘山公路坡陡、弯急，驾车游客一定要确保车辆性能完好，开车时控制车速，保持车距，注意力集中但不要过于紧张，不要占用逆行车道，下山不要熄火滑行，保持低档行驶，刹车时间千万不要过长，以免因刹车过热而导致制动失灵。

（10）保护区巡护人员和执法人员可以随时为游客提供帮助和救援，如遇紧急情况，可以向他们报告或打电话求助。

2. 野炊注意事项

（1）野炊时吃烟熏火烤的食品并不健康。大量研究表明，食物经过烟熏火烤后，会生成大量的多环芳烃，因此，最好不要多吃。若偶尔为之，可多搭配些新鲜蔬菜水果，这样能起到一定的防护作用。

（2）尽量不要喝生水。野外的水源，哪怕看上去清澈见底，实质上也容易被病菌污染。

（3）注意食品的卫生。外出野餐，人们都要准备一定数量的食品，如卤菜、熟食等。夏季气温偏高，有利于各种细菌的繁殖，某些食物容易腐败变质，吃了可能引起食物中毒。所以，卤菜类食品最好当天购买，如前一天购买放在冰箱内，出门前也应彻底加热后再带走。购买食品时应注意生产日期和保质期。

（4）不要采摘食用野蘑菇。风景区的山边、草丛、树林中常有野蘑菇生长。一些游客见了往往情不自禁地去采摘食用。然而，因误食有毒蘑菇导致中毒者并不少见，若中毒严重，处理不及时，还可导致死亡。

（5）野炊时，还应注意个人卫生和环境卫生，最好随身携带消毒纸巾供擦手和消毒餐具使用。野餐后不要乱扔瓜果皮壳、饮料瓶罐等，并且要及时把野饮用火扑灭，以防发生事故。

生态词典

森林浴：森林浴就是沐浴森林里的新鲜空气。氧气不充足的、污浊的空气不仅容易引发呼吸系统疾病，还可能加重心脏负担。森林中的空气清洁、湿润，氧气充裕。某些树木散发出的挥发性物质，具有刺激大脑皮层、消除神经紧张等诸多功能。有的树木，如松、柏、柠檬和桉树等，还可以分泌能够杀死细菌的物质。此外，对人体健康有益的负氧离子，在森林中的含量要比室内高得多。上午，阳光充沛，森林含氧量高、尘埃少，是进行森林浴的好时机。

第三节 绿色居住

一、降低室内污染

统计发现，大多数人会在室内度过70%以上的时间，城市人在室内度过的时间更是超过了80%，而婴幼儿、年老体弱者及残疾者在室内待的时间更长，估计达90%以上。因此，室内污染的问题不容忽视。

室内污染是继煤烟污染、光化学烟雾污染之后的“第三代”污染，从20世纪中期开始初露端倪，发展至今室内污染有越来越加剧的趋势。由于造成室内污染的污染物种类众多，加上室内空间一般比较窄小且处于封闭状态，因此污染物不易散发和消除，而室内环境的温度、湿度等相对外界变化较小，导致病原微生物容易滋生，对人体健康构成多种危害。对此，早在20世纪70年代，欧美等发达国家的科研人员就研究发现存在“不良建筑综合征（SBS）”现象。“不良建筑综合征”也称“病态建筑物综合征”，它是指在某些建筑物内由于空气不流通、空气污染严重等因素，导致在该建筑物内的人产生眼、鼻、咽、喉等部位不适，头疼，易疲劳，呼吸困难，皮肤刺激，嗜睡，哮喘等一系列自觉症状，一旦离开该建筑物后，这些症状可渐渐消退。调查显示，大约68%的人体疾病与室内污染有关，居室环境对人体健康的影响可见一斑。

室内污染物的种类繁多，包括生物性污染物（如病菌、病毒）、化学性污染物（如甲醛、苯）、物理性污染物（如噪声、电磁辐射），因此，其对人体健康的危害也是多方面的，轻则导致皮肤过敏、呼吸系统疾病，重则诱发白血病等癌症，并且还会对人体的神经系统、生殖系统造成永久性损伤。世界卫生组织指出，全世界每年有10万人因室内空气污染导致的哮喘病而死亡，其中有35%为儿童。

要防止室内污染，首先，居室应具备充分的采光和良好的通风。其次，居室环境要保持“绿色”化，即房屋装潢、家具、电器，以及各种生活物品的选取、使用、维护、保养均应符合环保要求，尽可能做到无毒、无害，最大限度地减少室内污染源。再次，要讲究居室卫生，如保持室内空气清新，被褥、衣物勤洗勤晒，对家庭宠物要防病检疫等。最后，增强室内环保意识，提高对居室污染的警觉，一旦出现不适，应尽快进行技术检测，并及时就医。

除了以上防止室内污染的措施外，下面将着重介绍3种最常见的室内污染及防护措施。

（一）装修污染

1. 装修污染物

房屋装修最可能产生以下 4 种污染物。

（1）甲醛：主要来源于各类人造合成板材（如合成纤维板、胶合板、大芯板等）、油漆、黏合剂等。甲醛无色，具有强烈的刺激性气味，在常温下极易挥发，遇热挥发更快。因此，夏季装修房屋，如不及时通风，容易造成甲醛中毒。

（2）氡：主要存在于建筑水泥、矿渣砖和装饰石材，以及土壤中。因此，地下室尤其要注意氡污染。氡是一种放射性气体，无色无味。它对人体的主要危害是致癌，尤其是肺癌。美国的调查显示，肺癌患者中有 1/5 与氡污染有关。

（3）苯系物：如苯乙烯、甲苯和二甲苯等，主要来源于各种涂料、黏合剂、油漆中。苯系物具有特殊芳香气味。如果短时间内在密闭的空间中接触大量苯，可导致急性苯中毒，患者会出现头晕、胸闷、恶心、呕吐等症状，如不及时救治，甚至可导致死亡。我国规定的苯国家安全标准是居室大气内每立方米小于 2.4 毫克。

（4）氨：主要来源于混凝土、人造板材、家具等建筑装饰材料中。氨无色，有强烈刺激性气味。夏天气温较高时，氨的释放速度较快，导致居室中的氨污染较严重。长期吸入过量氨，可出现流泪、咽痛、声音嘶哑、咳嗽、头晕、头痛、恶心等症状，对健康产生危害。我国规定的氨国家安全标准是居室大气内每立方米小于 0.2 毫克。

2. 装修污染防护措施

在房屋装修中应做到以下几点，以减少装修污染。

（1）选择、购买健康型、绿色型、环保型装修材料，如油漆、涂料、纤维板等，从源头上进行污染控制。

（2）采取简约装修，尽量减少装修材料使用量和施工量，控制污染源。

（3）不要大量使用天然石材，如大理石、花岗岩等，也不要在房间里大面积使用瓷砖，最大限度避免氡污染。

（4）尽量选用天然木材，少用合成纤维板；购买符合卫生标准的家具，以减少甲醛污染。

（5）地板应采取密封措施，以阻断氡的溢出通道。

（6）不要边住边装修，装修完工后应加强通风，以排除甲醛等的污染。

（7）采取各种清洁空气的物理或化学方式，如化学去污、植物去污等。但化学去污应请专业人员实施，以免去污不成反而加重污染。

 知识链接

有关装修污染的几个误区

（一）没有味道就表明没有污染

这样的判断不准确。因为尽管大部分有毒、有害气体会散发刺鼻的气味，但有一些是

无味的，如放射性气体氡就是无色无味的，即使其浓度极高，人们也可能毫无感觉。所以，有人称之为“沉默的杀手”。

（二）装修时只要用绿色、环保材料就保证没有污染

不能这样轻易下结论。因为，绿色环保材料是指定量中所含有的有毒物质在国家限定的安全标准之下，也就是说，只是相对地减少了有毒有害物质使用量，使之对人体健康的危害较小，而不是不含任何有害物质，因为有些有害物质目前还无替代品。

（三）房屋不装修就可以避免污染

这样的看法也是很片面的。因为有毒有害物质的来源除了装修所用的砖、水泥、砂等基本建筑材料外，房屋墙体、涂料等也都可能含有多种有害气体，如氡、氨等。

（四）用空气清新剂可以消除污染

这无异于“掩耳盗铃”。空气清新剂只是起到了遮盖气味的作用，并没有从根本上消除污染，甚至还可能增加新的化学污染源。

（资料来源：https://www.bao315.com/fangwu/274418.html）

（二）厨房污染

俗话说，“民以食为天”，因此，几乎人人都离不开厨房，但从健康角度考虑，厨房事实上是居室中的污染“重灾区”，比如燃煤燃气排出的一氧化碳，烹饪产生的油烟、厨余垃圾，厨房锅具、砧板等上面的细菌等。总之，污染源多，健康危害较严重。下面着重介绍厨房污染中的两种主要污染及其防护措施。

1. 一氧化碳污染

厨房中的一氧化碳污染主要来源于燃煤炉、燃气灶。一氧化碳是一种无色、无味、无臭的窒息性气体，人们可在不知不觉中吸入一氧化碳而中毒。一氧化碳中毒的早期症状为头痛、头晕、眼花、恶心和四肢无力等，严重者可昏迷、死亡。

一氧化碳对人体的危害，主要取决于浓度和接触时间。一般来说，燃煤炉排出的一氧化碳比燃气灶多。研究人员做过试验，在同样大小的厨房中关窗做饭，半小时后，使用燃煤炉的厨房中一氧化碳浓度上升 20~30 倍，而使用燃气灶的厨房则相对低些。因此，在条件允许的情况下，厨房中应尽量使用燃气灶，以减少一氧化碳对人体的危害。

2. 油烟污染

油烟污染是指食用油在高温烹饪中所产生的有毒烟雾。普通食用油在 250℃以上高温煎炸时，会发生一系列复杂的化学变化，可产生脂肪烃类、多环芳烃、酮类、醇类和酯类等 200 多种有害化学物质。其中，对人体健康危害最大的是苯芘花。苯芘花是国际癌症研究机构已经确认的强致癌物之一，它具有局部和全身致癌作用，可诱发皮肤癌、肺癌和胃癌等。流行病学调查发现，目前，含苯芘花等有毒物质的厨房油烟已成为我国家庭烹饪者肺癌等癌症高

发的重要原因。此外，厨房油烟还可导致慢性角膜炎、鼻炎等健康危害。

做到以下几点，可以降低厨房油烟对健康的危害。

（1）做好厨房的通风换气。厨房要经常保持自然通风，并安装排烟效果较好、罩体能遮挡油烟的脱排油烟机；烹饪时，不要离炒锅太近。需要提醒的是，不仅在烹饪过程中要打开脱排油烟机，烹饪结束后也不要急于关闭，最好 10 分钟后再关，以便最大限度地驱散厨房油烟。

（2）改变饮食习惯，尽量用蒸、煮、炖等烹饪手段，少用煎、炸等需要高温、多油的烹饪方法。此举一方面可减少厨房油烟的产生，另一方面也可控制食用油的摄入，还可更多保持食物的营养成分，可谓是一举多得。

（3）尽可能选择精制油、无烟油，不要使用反复烹炸的油，因为反复使用的油中含有很多有毒物质，其产生的油烟毒性更大。

（4）高温烹饪时，应注意控制油温。一般油面稍有气泡时不会产生油烟，油面开始波动时开始产生油烟，油面波动厉害时会产生大量油烟。因此，烹饪时应注意观察，在油面有气泡时就下食材进行烹饪，以减少厨房油烟。

（三）家庭光污染

所谓光污染，简单来说，就是光对人类及自然环境造成的负面影响，大部分光污染来自低效率、非必要的人造光源。目前，家庭光污染的主要表现为灯饰过多、灯光过暗和颜色杂乱。过多的灯光装饰不但会使人眼睛疲劳、视力下降，严重时还会损伤角膜和虹膜，使人出现头晕目眩、身体乏力等神经衰弱的症状。灯光过暗或者颜色杂乱，除损害视力外，还会干扰中枢神经，使人出现孤独、抑郁等心理症状。据统计，2020 年，我国儿童青少年的近视率高达 52.7%。中国照明协会的专家认为，儿童青少年近视的最主要原因之一就是家庭光污染。

因此，人们在日常生活中一定要对家庭光污染的危害性有足够的认识，从细节着手，为家人营造健康、舒适、环保和节能的光照环境。具体可采取如下措施：

（1）根据居室的功能，选择不同的照明方式和灯具，并保证恰当的照度和亮度。如卧室的灯光要柔和、温馨；书房和厨房的灯光要明亮，可采用白色灯光；客厅的灯光可以丰富些，但也不宜过多、过乱，防止光线忽明忽暗或闪烁；卫生间的灯光则以温暖、柔和光为宜。

（2）根据居室空间大小、面积和高度，合理分布光源，做到照度大小（以下以勒克斯为单位表示）适宜。适宜居室的照度一般为 100 勒克斯，最低不小于 50 勒克斯。25 瓦的白炽灯距桌面 50 厘米时，其照度约为 50 勒克斯。

（3）避免炫目。可用灯罩形成保护角，一般高于视平线时，保护角不小于 30 度；低于视平线时，保护角不小于 10 度。

（4）少用或不用五颜六色的光源。

（5）避免居室灯光太暗。

（6）选择合适的台灯，同时注意灯罩的颜色，以保证学习效率且不影响视力。灯罩颜色以白色、淡绿色最适宜，可保护眼睛。

（7）书房灯光不能太亮，以照度适宜（约 70~100 勒克斯）、光线均匀、不炫目为宜。

（8）不要开灯睡觉，以免干扰人体生物钟，造成失眠。

（9）不要在黑暗中看电视。

二、节能环保

（一）家庭节水

1. 厨房节水

厨房是家庭中的用水“大户”之一，约占家庭用水的10%。因此，厨房节水是家庭节水的重点。一般可以从以下几个细节来节水。

（1）洗蔬菜时，不要开着水龙头直接冲洗，可用专门的盆盛水洗，并调整清洗的顺序，一般先洗已去皮、去泥的蔬菜，再洗叶类蔬菜，最后洗带泥的根茎类蔬菜。还可将用过的水冲厕所、浇花等。这样做可将水的利用率最大化。

（2）淘米时，不要将淘米水倒掉，可收集起来，用于洗蔬菜和油腻的餐具。

（3）洗餐具时，最好先用纸擦去餐具上的油污，再用热水或洗洁精去油污，最后才用温水或冷水冲洗干净。

（4）解冻食品时，不用温水浸泡，改用自然解冻或微波炉解冻。

（5）提倡使用节水型洗碗机，因为新型节水双层洗碗机比手洗更节水。

2. 卫生间节水

卫生间也是家庭的用水“大户”，尤其是卫生间中的抽水马桶，更是耗水“大户”，其用水量约为家庭用水量的1/4。卫生间节水应注意以下几个细节。

（1）选用新型节水抽水马桶，弃用非节水型老式抽水马桶。因为节水抽水马桶每次冲水一般耗水3~6升，而老式抽水马桶一次耗水高达12升。

（2）不要把茶叶渣、剩菜等杂物倒入抽水马桶中，因为冲掉这些杂物会造成水的浪费。

（3）收集洗衣水、洗澡水等用于冲抽水马桶。

（4）定期检查抽水马桶的水箱等设施，以便及时更换或维修，避免水箱漏水造成浪费。

3. 洗衣节水

洗衣机的耗水量很大，因此也是家庭节水的重中之重。

（1）购买、使用节水型洗衣机。因为节水型洗衣机细化了洗衣机的水位段和漂洗次数，洗涤启动水位比一般的洗衣机降低1/2；方便消费者根据不同的需要选择不同的洗涤水位和清洗次数，从而达到节水的目的。另外，滚筒式洗衣机的耗水量比其他类型的小，但耗电量大。

（2）将需要洗涤的衣物集中起来一次洗涤，减少洗衣的次数，从而达到节水的目的。

（3）提倡小件衣物手洗，减少洗衣机使用次数。

（4）漂洗衣物时，可拧小水龙头后用流动水漂洗，这比用大盆水多次漂洗更节约。

（5）漂洗衣物的水，可收集起来循环使用，如擦地板、冲抽水马桶等。

（6）洗衣粉要根据衣物的多少适量使用，以减少漂洗衣物的次数，达到节水目的。

4. 洗澡节水

家庭中，洗澡也非常耗水，因此，它也是节水的关键点。洗澡节水的措施主要有以下几方面。

（1）提倡淋浴。因为淋浴比盆浴更节水。如果必须洗盆浴，应使用节水浴缸。因为节水浴缸不仅容积相对小，还使用循环水。

（2）安装节水型淋浴喷头。它比普通淋浴喷头出水量相对要少。

（3）淋浴时不要一直开着水龙头，应用沐浴用品涂抹全身并搓洗后，再开水龙头冲洗干净。

（4）家中多人淋浴时，可轮流排队洗澡，以节省热水流出前的冷水流失量。

（5）收集洗澡预热时所放出的清水，可用于清洗衣物等。

（6）盆浴后的水不要浪费，可用于洗衣服、冲抽水马桶和拖地板等。

（二）家庭节电

在家庭中，很多家用电器都是耗电“大户”，即使是日常照明，耗电也是很惊人的。因此，节电应该从点滴做起，从珍惜每一度电、节约每一度电做起。

1. 照明节电

家家户户在夜晚都需要照明，因此，照明节电是最普遍和最有成效的。照明节电可从下面几个方面考虑。

（1）选择照度高、质量好的节能灯具，以节约电能。节能灯和普通白炽灯相比，其照明效果更优异。如 11 瓦的节能灯的照度相当于 60 瓦的白炽灯的照度。

（2）及时更换老旧灯管，保持灯泡及灯罩清洁，可保证最好的照明效果，从而达到节电的目的。

（3）天花板、墙壁等的颜色以浅色为宜，这样可充分利用自然光和灯光反射效果保证照明所需，达到节电的目的。

（4）居室内，按其功能合理装置灯具，不装过多的灯具或超出需要的照度，以达到节电目的。

2. 家用电器节电

现代家庭中，家用电器众多，它们提升了人们的生活质量，但也增加了耗电量，因此，家用电器节电是节电的“重头戏”。

（1）冰箱节电。第一，选用新型节能冰箱。第二，减少冰箱门的开启次数，因为次数越多，耗电量越大。第三，冰箱内储藏的食物不能太满，要留有一定的空间让冷气循环，一般不超过冰箱容量的 80%。但也不能太少，以免冷气散失，增加耗电量。第四，将食物冷却后再放入冰箱。第五，放置冰箱时，周围要留有空间，背面不要紧靠墙，冰箱最好离灶台等热源远一些，避免散热不佳而多耗电。第六，冰箱冷冻室结霜厚达 4~6 毫米时应除霜，因为冰箱结霜时会多耗电约1/3。第七，适时调节冰箱调温器旋钮，比如夏季将调温器旋钮调低点，冬天调高点，可达到节电目的。

（2）空调节电。第一，选用节能空调，同时选择最适合房间大小的容量的空调，一般空调容量（匹）与房间面积（平方米）之比为1∶12。第二，设置合理的空调温度，减少压缩机运行时间，以利于节电，如夏天制冷时，将温度定高1℃，冬天制热时，将温度定低2℃，都可省电10%以上，而人体几乎没有感觉。第三，使用空调时少开门窗，以减少房外热量进入；也可使用厚质窗帘，以减少冷空气散失。第四，安装空调时，室内机、室外机的连接管不要超过推荐长度，以免影响空调效果而增加耗电量。第五，应避免阳光直射机身，可将空调安装在背阴面或加盖遮阳罩。第六，定期清除空调室外机散热片上的灰尘，以免影响散热，增加耗电量。

（3）洗衣机节电。第一，选用节能洗衣机。第二，将脏衣物先浸泡10分钟，或将衣领、袖口等特别脏的部位预先清洗后，再放入洗衣机洗涤，以节省时间，从而达到节电的目的。第三，根据衣物材质，合理选用洗衣机的清洗方式。比如，丝绸、毛料等适合轻柔洗，棉布、混纺、化纤、涤纶等适合标准洗，厚绒毯、沙发布和帆布等适合强力洗，这样做既节电又节水。第四，衣物尽量集中洗涤，以减少洗衣机的使用次数，从而达到节电、节水的目的。第五，注意洗衣机的维修保养，以发挥洗衣机的最佳效能。

（4）电热水器节电。第一，选择保温效果好、带防结垢装置的电热水器。第二，电热水器温度一般设定为50~60℃，不需要用热水时应及时关闭电热水器，以免反复烧水耗电。第三，夏季可适当调低加热温度。第四，定期检查、维修家中的电热水器，确保使用安全，提高能源利用率。第五，尽量选择淋浴，因为淋浴比盆浴节电、节水约为50%。

（5）电饭煲节电。第一，根据烹煮食物的量确定电饭煲的功率。同样情况下，应选用大功率的电饭煲，因为煮相同量的米饭时，功率大的电饭煲比功率小的电饭煲节省时间，因而更节电。第二，煮饭时，可在电饭煲上盖一条毛巾（注意不能盖住出气孔），可减少热量损失。第三，巧煮米饭节电，即在煮饭水沸腾后拔下电源插头，利用电热盘的余温将米汤蒸干，再续焖15分钟即可食用。第四，煮饭前，先将米浸泡30分钟，再用电饭煲煮，这样可缩短煮饭时间。第五，煮完饭后应拔下电源插头，以免电饭煲因保温而增加耗电量。

（6）电视机节电。第一，控制好对比度和亮度。彩色电视机屏幕越亮，其耗电量越大，其最亮与最暗时的功耗相差约30~50瓦。因此，晚上看电视时开一盏5瓦的节能灯，并调节电视机屏幕的亮度，既节电，又使眼睛不易疲劳；白天看电视时，也可拉上窗帘，并相应调整电视机屏幕的亮度。第二，控制电视机的音量，音量越大，耗电量越多。第三，看完电视后，不能只用遥控器关闭电视机，应切断电视机的电源。据测定，电视机待机10小时会耗电0.5千瓦时。第四，给电视机罩上防尘罩，以防灰尘进入，增加耗电量。

（7）电脑节电。第一，短暂休息时，启用电脑的"睡眠"模式；若长时间不用电脑，则要关闭显示器和主机，并且注意切断电源，不要让电脑处于通电状态。这样既节电，又延长电脑的使用寿命。第二，用电脑听音乐或看视频时，最好使用耳机，以减少音箱的耗电量。第三，不用的电脑外设设备，如打印机、音箱等，要及时关闭。第四，降低显示器亮度，此举既可节电，也可保护视力，减轻眼睛的疲劳感。第五，经常保养电脑，注意防潮、防尘，以免电脑积尘影响散热而导致多耗电。第六，使用CPU降温软件，屏蔽光驱、软驱、网卡、声卡等暂时不用的设备等也可节电。

（三）合理利用废弃物

在日常生活中，每个人都会在不知不觉中积存了许许多多不能用的废弃物，从厨余垃圾到书报纸张，从瓶瓶罐罐到旧衣织物，这些数量众多的废弃物除了分门别类地收集、整理后送废品回收站加以循环利用外，还可以废物利用、物尽其用，“变废为宝”。

1. 书报杂志的妙用

用揉皱的旧报纸蘸白醋擦拭玻璃，可使其光亮洁净，还能节约玻璃清洗剂；彩色杂志可用作礼品包装纸。

2. 牛奶盒、果汁盒的妙用

牛奶盒、果汁盒洗干净后可制成收纳盒；将牛奶盒、果汁盒的底部钻个孔，可用于种花草；牛奶盒、果汁盒洗干净后也是孩子们手工课的好材料。

3. 易拉罐、马口铁罐的妙用

铝制易拉罐可做成笔筒等存放小件物品的储物罐；马口铁罐在底部钻孔后可用来种花；多个马口铁奶粉罐可自制小凳子。

4. 瓶和缸的妙用

带柄的塑料瓶除去底部可制成铲子，用它清扫宠物粪便正合适；在装软饮料的塑料瓶盖上戳些孔，可以用来浇花；各种规格的玻璃瓶或玻璃罐用来装自制或散装食物是最合适不过的了；还可以把各色玻璃瓶制成漂亮的装饰品。

5. 月饼盒、饼干盒的妙用

月饼或是饼干吃完后，空盒可用来装饰品，因为这类盒子里面一般有间隔，正好可以分类存放饰品，取用方便。

6. 衣服和织物的妙用

旧衣服可以送慈善机构；电热毯除掉电线后可用做垫被；旧毛巾可做抹布；旧衣服的衣料可做靠垫，扣子可拆下备用；旧丝袜可以收集起来扎好，用来洗刷浴缸；旧牛仔裤的裤腿可以用来做椅垫，也可以加工成个性杂物袋；背心、吊带衫的下摆用线缝起来就变成了收纳袋，放袜子、内衣很不错；旧领带可做成别致的伞套、笔套、手机套、零钱包和钥匙包等。

7. 厨余垃圾的妙用

厨余垃圾最方便的利用方法就是堆肥用来养花。此外，厨余垃圾中有不少可以废物利用的，比如，碎蛋壳可用来清洗细口瓶，方法是把碎蛋壳和一些水注入瓶中，然后堵住瓶口高速晃动；苹果核可用来清除厨房操作台面的污垢或排水口的污物；煮完面条、饺子的面汤，可以用来清洗餐具；把橘子皮、萝卜叶晒干后，放入布袋用来泡澡，可保健肌肤；用香蕉皮擦拭皮具，效果也不错，方法是将香蕉皮有果肉的一侧在皮具上反复擦，擦完后将皮具稍微晾一会儿，再用纸巾或者棉布把皮具清理一遍，这样处理过的皮具就重新焕发光泽了。

三、绿色建筑

随着可持续发展这一理念在世界范围内达成共识以及人类环境意识的觉醒，绿色建筑越来越受到人们的青睐，世界各国都在积极推广和发展绿色建筑。绿色建筑，也有人称之为生态建筑、可持续建筑，它是指既能为人类提供一个健康、舒适的工作、居住、活动的空间，又能实现最高效率利用能源、最低限度影响环境的建筑物。绿色建筑遵循可持续发展原则，体现绿色平衡理念，通过科学的整体设计，集成绿化配置、自然通风、自然采光、低能耗围护结构、太阳能利用、地热利用、中水利用、绿色建材和智能控制等高新技术，充分展示人文、建筑、环境、科技的和谐统一。

（一）绿色建筑的特征

（1）具有合理的选址和规划，尽量保护原来的生态系统，减少对周边环境的影响，并且要充分考虑有合理的自然通风、日照、交通等。

（2）实现了资源的高效循环使用，降低资源消耗，并尽量使用再生资源。

（3）采取各种节能措施，有效地减少能源的消耗。比如，尽可能采用太阳能、地热能、风能、生物质能等自然能源。

（4）尽量减少废水、废气、固体废物的排放，并采用各种生态技术实现废水、废物的无害化和资源化，使其得到再生使用。

（5）具有舒适的室内环境质量。控制室内空气中各种化学污染物的含量，使室内有良好的日照、自然通风和一定标准的舒适度，保证使用者的健康。

（6）建筑功能上要具备灵活性、适应性和易于维护的建筑体系。

生态词典

绿色施工:《建筑工程绿色施工评价标准》定义绿色施工为在保证质量、安全等基本要求的前提下，通过科学管理和技术进步，最大限度地节约资源，减少对环境负面影响，实现“四节一环保”（节能、节材、节水、节地和环境保护）的建筑工程施工活动。

绿色施工作为建筑全寿命周期中的重要组成部分，是可持续发展理念在工程施工阶段的应用，是绿色建筑实现的保障，对建筑业的发展具有重要意义。相比传统施工方法会产生较大的噪声和较多的废弃物，绿色施工则是通过采用多种新技术与新工艺节约建材、减少施工噪声与粉尘，采用新的组织管理及方案分项管理的方法强化施工管理以提高施工效率，从而最大限度地减少对环境的不利影响，减少不必要的浪费。绿色施工应对整个施工过程实施动态管理，加强对施工策划、施工准备、材料采购、现场施工、工程验收等各阶段的管理和监督。

（二）绿色建筑的原则

1. 和谐原则

建筑作为人类行为的一种影响存在结果，由于其空间选择、建造过程和使用拆除的全寿命过程存在着消耗、扰动，以及影响的实际作用，其体系和谐、系统和谐、关系和谐便成为绿色建筑特别强调的重要的和谐原则。

2. 适地原则

以人居系统符合生态系统安全、健康而客观存在为依据，建设适宜空间、高效利用土地符合人文特性、经济属性及建设选址的科学规划、设计行为，是绿色建筑建造、使用所必须遵守的条件和根本性原则。

3. 节约原则

资源占有与能源消耗在符合建筑全寿命周期使用总量与服务功能均衡的前提下，实现最小化与减量化的节约原则。

4. 高效原则

建筑作为人类的居所，其建造、使用、维护与拆除应本着符合人与自然生态安全与和谐共生的前提，满足宜居、健康的要求,系统地采用集成技术提高建筑功能的效能，优化管理调控体系，形成绿色建筑的高效原则。

5. 舒适原则

舒适要求与资源占有及能源消耗，在建筑建造、使用与维护管理中一直是一个矛盾体，在绿色建筑中强调舒适原则不是以牺牲建筑的舒适度为前提，而是以满足人类居所舒适要求为设定条件。通过人类长期依托建筑而生存的经验和科学技术的不断探索发展，总结形成绿色建筑绿色化、生态化及符合可持续发展要求的建筑综合系统集成技术，以满足绿色建筑的舒适原则。

6. 经济原则

绿色建筑的建造、使用、维护是一个复杂的技术系统问题，更是一个社会组织体系问题。高投入、高技术的极致绿色建筑虽然可以反映出人类科学技术发展的高端水平,但是并非只有高技术才能够实现绿色建筑的功能、效率与品质，适宜技术与地方化材料及地域特点的建造经验同样是绿色建筑的重要发展途径。唯技术论和唯高投资论都不是绿色建筑的追求方向，适宜投资、适宜成本和适宜消费才是绿色建筑的经济原则。

7. 人文原则

建筑是人类抵御大自然对人类伤害与威胁的庇护所，保障人类生产、生活的生存安全、健康、舒适，从远古人类栖息的“巢”“穴”到“器”含义的建筑，人类始终把集人类智慧、文明的建筑与文化、美学、哲学紧密相连。凝固的文明结晶，社会人文雕塑都是对建筑的人文价值的高度概括，建筑既有历史性，也有传承性，更有人文特性。无论在任何国家、城乡、地区，没有文化内涵的建筑都会使人居系统缺少特点、特色与特质，不但丧失了地域化优势，更失去了国际化能力。这也是失去了人居生态系统中除自然生态、经济生态以外的另一个重要生态要素——社会生态，人文原则就是一项不可或缺的生态原则。

（三）实践绿色建筑的方式和方法

基于绿色建筑的主张及其目标和价值标准，实践绿色建筑的方式和方法是遵循科学发展观，通过具体的基础科学理论研究，落实科技成果的转化与应用技术的实践。绿色建筑应用方式的选择与确定具有功能性、地域性、社会性和特质性，须符合复杂的生态系统构成要求。

知识链接

从“水立方”到“冰立方”，北京的建筑越来越“绿色”

2022 年 5 月，廖钢林收到世界壶联（世界冰壶联合会的简称）主席凯特的一封来信。信中称：冰立方为奥林匹克运动的可持续发展树立了典范。对此，廖钢林很自豪：“虽然只是短短一句话，但却是对我们绿色建筑的极大肯定。”

申冬奥成功后，中国向世界作出“绿色办奥”的庄严承诺。作为中建一局建设发展公司党委书记、董事长的廖钢林，接到一个重要任务——把公司此前建设的“水立方”，转换成冬奥冰壶比赛场地“冰立方”。当时，廖钢林向团队提出，要“集中全力打造绿色奥运工程”。

2018 年 12 月，冰立方改造项目正式动工。冰壶是冬奥比赛中对冰面要求最高的项目，世界壶联提出了 29 条冰面极限规定。“极限冰面的关键就是冰面荷载。形象地说，把三头黄牛放在一平方米的预制板上，荷载变形也不能大于 3 毫米。”廖钢林说。经过 116 天的奋战，在绘制了 485 张设计图并进行了 35 次试验后，项目团队成功搭建可转换结构和安装可拆装制冰系统，成功实现赛道的水冰转换。

更艰难的挑战接踵而至——实现冰立方的温湿环境控制。廖钢林说：“我们研发出了智慧调控平台多系统调控技术，真正达到高温高湿环境与低温低湿环境转换的目标。”冰立方内实现了比赛大厅 3 个温湿度控制区分控：赛场冰面温度 −8.5℃、冰面以上 1.5 米处温度 10℃以上、看台温度 16~18℃，成为世界上唯一一座能让观众“温暖看比赛”的冬奥场馆。

廖钢林和同事们成功攻克了“冰水转换”这个前所未有的世界级难题，使冰立方成为世界上唯一一座“冰水双驱”的可持续双奥场馆，为全世界场馆建设提供了绿色、可持续的“中国方案”。

与“冰立方”一同亮相的，还有一座名副其实的超低能耗“绿色冬奥场馆”。“我们承建的五棵松冰上运动中心，在冬奥会承担了冰球比赛训练场地的任务，设计标准达到绿色建筑最高级别三星级。”廖钢林介绍。

五棵松冰上运动中心采用超低能耗专项技术，在场馆屋面安装了600千瓦光伏发电系统，实现年供电70万度。同时，五棵松冰上运动中心也是国内首个采用二氧化碳直冷跨临界制冰系统的体育场馆，相比传统制冷系统可节约40%的综合能耗；采用国内领先的溶液除湿系统，相比传统的转轮除湿系统，年运行费用可降低70%左右，每年可节约近90万千瓦时的电，相当于400个三口之家1年的用电量。

2022年5月，五棵松冰上运动中心通过北京市超低能耗建筑示范项目验收，成为目前全世界单体面积最大的超低能耗公共建筑。

“北京冬奥会场馆建设显著地展现了低碳建筑的成效。在碳达峰、碳中和形势下，建筑减排是实现‘双碳’目标的重中之重。”廖钢林介绍，乘着“绿色奥运”这股东风，绿色运动场馆、绿色建筑建设也将迎来历史新发展机遇。

截至2021年年底，北京已累计建成绿色建筑面积1.66亿平方米，绿色建筑发展在全国居于前列。目前，北京正全面推进绿色低碳循环发展，推广绿色建筑，加强既有建筑节能改造，因地制宜发展超低能耗建筑。“首都建设者所有的出发点和落脚点是要让人民生活幸福，我们会努力让绿色建筑越来越多地服务首都发展。”廖钢林说。

（资料来源：李博.廖钢林：从“水立方”到“冰立方”，北京的建筑越来越“绿色”.北京日报，2022年9月6日.整理改写）

第四节　绿色饮食

扫一扫 学一学

一、绿色食品

绿色食品是指产自优良生态环境、按照绿色食品标准生产、实行全程质量监控并获得绿色食品标志使用权，安全、优质的食用农产品及相关产品。绿色食品认证依据的是农业农村部绿色食品行业标准。

绿色食品分为A级绿色食品和AA级绿色食品，其标志如图5-1所示。其中，A级绿色食品生产中允许限量使用化学合成物质，AA级绿色食品则较为严格地要求在生产过程中不使用化学合成的肥料、农药、饲料添加剂、食品添加剂和其他有害于环境和健康的物质。

（a）A级　　（b）AA级

图5-1　绿色食品标志

绿色食品与普通食品相比有3个显著的特征：一是产品产自最佳生态环境；二是对产品实行全程质量监控；三是对产品依法实行标志管理。真正的绿色食品从外包装上，必须印有绿色食品标志及绿色食品字样，经中国绿色食品发展中心许可使用绿色食品标志字样。

（一）无公害农产品、绿色食品和有机食品之间的区别

无公害农产品是指产地环境、生产过程和产品质量符合国家有关标准和规范的要求，经认证合格获得认证证书并允许使用无公害农产品标志的未经加工或者初加工的食用农产品。无公害农产品生产过程中允许使用农药和化肥，但不能使用国家禁止使用的高毒、高残留农药。

有机食品（Organic Food）又叫生态食品、生物食品等。有机食品是国际上对无污染天然食品比较统一的提法。有机食品通常来自有机农业生产体系，根据国际有机农业生产要求和相应的标准生产加工的。

无公害农产品包括有机农产品、自然食品、生态食品、绿色食品、无污染食品等。这类产品生产过程中允许限量、限品种、限时间地使用人工合成的安全的化学农药、兽药、肥料、饲料添加剂等，它符合国家食品卫生标准，但比绿色食品标准要宽。无公害农产品是保证人们对食品质量安全最基本的需要，是最基本的市场准入条件，普通食品都应达到这一要求。

无公害农产品的质量要求低于绿色食品和有机食品。从本质上来讲，绿色食品是从普通食品向有机食品发展的一种过渡产品。

（二）对绿色食品认识上的误区

许多消费者喜欢选择绿色食品，而一些厂家则看中了消费者这种花钱“买健康”的心理，故意在食品的外包装上标注“纯天然”“野生”“无公害”等字样，大玩文字游戏，误导消费者。其实绿色食品既不等同于纯天然、野生食品，也不等同于无公害食品。

由于许多消费者对绿色食品不甚了解，目前在认识上还存在着四大误区。

第一，误认为纯天然食品就是绿色食品。其实，一些纯天然食品，由于生长环境属于高铅、高汞或高氟、缺碘地区，在生长过程中吸收了土壤中的有害元素，食用后不仅没有好处，还会对人体造成很大危害。

第二，误以为不加添加剂的食品就是绿色食品。须知，目前我国食品工业中使用的添加剂，有些是无害的，如火腿中使用淀粉作添加剂。

第三，误认为绿色食品不使用化肥和农药。要知道，不使用化肥和农药的食品不一定是

绿色食品，而某些化肥和农药在绿色食品中是可以限量使用的。

第四，误以为端上餐桌的野菜属于绿色食品。自然生长的野菜，如果没有经过专门机构的安全认证，也不能称之为绿色食品。

（三）食品添加剂

公众谈食品添加剂色变，更多的原因是混淆了非法添加物和食品添加剂的概念，把一些非法添加物的罪名扣到食品添加剂的头上，这显然是不公平的。需要严厉打击的是食品安全中的违法添加行为，迫切需要规范的是食品添加剂的生产和使用问题。

吃着精美点心、快餐盒饭、香喷喷的热狗时，看一眼印刷精美的食品包装上的营养成分表，就会发现，每种食品中都有添加剂成分。据了解，反式脂肪、精制谷物制品、食盐、高果糖浆 4 种成分是在加工食品中最多见的，长期过量食用危害人体健康。

知识链接

常见的食品添加剂

（1）防腐剂：常用的有苯甲酸钠、山梨酸钾、二氧化硫、乳酸等。可用于果酱、蜜饯等食品的加工中。

（2）抗氧化剂：与防腐剂类似，可以延长食品的保质期。常用的有维生素C、异维生素C等。

（3）着色剂：常用的合成色素有胭脂红、苋菜红、柠檬黄、靓蓝等。它可改变食品的外观，使人增强食欲。近年来天然色素的使用有增加趋势。

（4）增稠剂和稳定剂：可以改善或稳定冷饮食品的物理性状，使食品外观润滑细腻。可使冰激凌等冷冻食品长期保持柔软、疏松的组织结构。

（5）膨松剂：部分糖果和巧克力中添加膨松剂，可促使糖体产生二氧化碳，从而起到膨松的作用。常用的膨松剂有碳酸氢钠、碳酸氢铵、复合膨松剂等。

（6）甜味剂：常用的人工合成的甜味剂有糖精钠、甜蜜素等。其目的是增加甜味口感。

（7）酸味剂：部分饮料、糖果等常采用酸味剂来调节和改善香味效果。常用的有柠檬酸、酒石酸、苹果酸、乳酸等。

（8）香料：植物性香料通常用于炖肉、熟食加工等，其可使食物香味浓郁。香料香精可用于糖果、饼干、饮料、烟、酒、豆乳、奶制品、植物蛋白食品等的加香。

（资料来源：买购网编辑. 常见食品添加剂有哪些种类　食品添加剂的作用与危害. 买购网. 整理改写）

二、转基因食品

转基因食品是指利用分子生物学手段，将某些生物的基因转移到其他生物物种上，使其出现原物种不具有的性状或产物，以转基因生物为原料加工生产的食品就是转基因食品。

通过这种技术，人类可以获得更符合要求的食品品质。转基因食品具有产量高、营养丰富、抗病力强等优势，但在转基因食品加工过程中，由于基因的导入，使得毒素蛋白发生过量表达而产生各种毒素，从理论上讲，任何基因转入的方法都可能导致遗传工程体（即转基因生物）产生不可预知的变化，包括多向效应也是它的明显缺陷。生活中最常见的转基因食品包括：木瓜（我国批准生产）、大豆及大豆油等制品（主要是进口大豆）。转基因食品主要分为以下 4 类。

（一）植物性转基因食品

植物性转基因食品很多。例如，面包生产需要高蛋白质含量的小麦，一般小麦品种含蛋白质较低，将高效表达的蛋白基因转入小麦，将会使做成的面包具有更好的焙烤品质。又如，番茄是一种营养丰富、经济价值很高的果蔬，但它不耐贮藏。为了解决番茄这类果实的贮藏问题，研究者发现，控制植物衰老激素乙烯合成的酶基因，是导致植物衰老的重要因素，如果能够利用基因工程的方法抑制这个基因的表达，那么衰老激素乙烯的生物合成就会得到控制，番茄也就不容易变软和腐烂了。中国、美国等国已培育出了这样的番茄新品种。这种番茄抗衰老、抗软化、耐贮藏，可减少加工生产及运输中的浪费。

（二）动物性转基因食品

动物性转基因食品也有很多种类。例如，在牛体内转入了某种基因，牛长大后产生的牛乳中含有基因药物，提取后可用于人类病症的治疗；在猪的基因组中转入生长素基因，猪的生长速度增加了一倍，猪肉质量也大大提高，这样的猪肉已在澳大利亚被端上了餐桌。

（三）转基因微生物食品

微生物是转基因最常用的转化材料，所以转基因微生物比较容易培育，应用也最广泛。例如，生产奶酪的凝乳酶，以往只能从杀死的小牛的胃中才能取出，现在利用转基因微生物已能够使凝乳酶在体外大量产生，这种既避免了小牛的无辜死亡，也降低了生产成本。

（四）转基因特殊食品

科学家利用生物遗传工程，将普通的蔬菜、水果、粮食等农作物变成能预防疾病的“疫苗食品”。例如，科学家培育出了一种能预防霍乱的苜蓿植物。用这种苜蓿来喂小白鼠，能使小白鼠的抗病能力大大增强。而且这种霍乱抗原能够经受胃酸的腐蚀而不被破坏，并能激发人体对霍乱的免疫能力。于是，越来越多的抗病基因正在被转入植物，使人们在品尝美味鲜果的同时达到防病的目的。

 知识链接

如何分辨食品中是否含有转基因成分

转基因食品安全问题一直是社会上乃至国际上普遍争论的问题，虽然有相关方面的专

家认为，转基因食品是安全可靠的，但是依旧不能消除一些人内心的忧虑。中国作为一个人口大国，粮食生产当然是摆在重要的位置，那么市场上卖的食品有哪些是转基因食品呢？

据食品专家表示，目前，我国列入转基因标识目录并在市场上销售的五大类17种转基因生物在我国都需要标识，目前市场上的转基因食品如大豆油、菜籽油及含有转基因成分的调和油均已标识，消费者在购买时认真查询即可鉴别。

美国是转基因食品生产和应用的大国，市场上以转基因大豆、玉米、油菜、番茄和番木瓜等植物为来源的转基因食品超过3 000个种类和品牌，但美国对转基因产品实行自愿标识制度。“在美国，食品标注或不标注‘转基因’由食品公司自愿决定，但标识必须真实。”

欧盟则实施定量标识制度，即规定食品中某一成分的转基因含量达到该成分的0.9%时须标识。

（资料来源：冯华．专家：我国已有5大类17种转基因生物在市场销售．人民网，2013年10月25日．整理改写）

三、低碳饮食技巧

（一）选择应季食物

在蔬菜水果的选择上，应该选择本地的、应季的。本地的蔬菜水果味道会更好些，因为本地产品可以做到九成熟采摘，而长途运输的产品必须在六七成熟的时候就采摘；再经过长途运输，果蔬中的营养物质会受到一定程度的损失，不及本地产品营养价值高。而且经营者为了使长途运输的果蔬保持新鲜，难免要用些保鲜剂，这对人体健康是不利的。从环保的角度讲，消费当地的食物，还可以间接减少运输能耗，减少碳排放量。新名词“食物里程”说的就是指食物从产地送到人们嘴里的距离，距离越远，消耗能源越多，二氧化碳排放量越多，从而给地球带来更大的负担。

（二）拒绝食品过度包装

食品的过度包装现在已经成为“公害”。中秋节的天价月饼、平时的天价洋酒、天价保健品都是过度包装的典型产物，不仅浪费，还增加了环境垃圾，且对健康并无益处。因此，我们要提倡低碳包装，拒绝过度包装，倡导环保。从我们自身来说，首先，要尽可能选择可重复再利用和再包装材料。如啤酒、饮料、酱油、醋等包装采用玻璃瓶可反复使用。其次，可以选择大袋的简易包装，诸如一些膨化食品、饼干等零食，保质期都比较长。

（三）肉食适量

少吃肉食也是在选择低碳。以不同的饲料、放牧与否、包装方法、运输工具及里程所生产的肉类，都直接影响衍生出的二氧化碳排放量。有数据显示，肉类生产碳排放量占全球温室气体总量近 1/5，比汽车和飞机的碳排放量总和还高，牛肉的碳排量放量最高，生产 1 千克可食用牛肉所需的饲料，比生产同等分量的猪肉高近四成。生产 1 千克鸡肉需 2~3 千克粮食，而 4~6 千克粮食才能转化为 1 千克猪肉，所以吃鸡肉对环境造成的压力远小于吃猪肉。

（四）少吃高加工食物，多吃天然食物

少加工、少人工添加物、无化学肥料、无农药、天然形态的天然食物就是完整食物，摄取完整无害的食物，可获取直接而大量的营养成分，例如吃一个苹果，而不是一杯苹果汁；吃一个马铃薯，而不是一包薯片。这样可以减少了加工、包装和储藏过程中的巨大能耗，不仅收获了健康，还能低碳环保。

精细加工、制作烦琐的高加工食物给地球带来的污染、给环保造成的危害不可计数。要知道，精细加工意味着会在食物当中添加更多的食品添加剂，这些物质的碳排放量远远高于天然食物。以氢化植物油为例，它可以让食物酥脆，市场上出售的炸鸡、炸薯条、盐酥鸡油条、经油炸处理的方便面食品或烘焙小西点、饼干派、甜甜圈等，都经常使用这种油脂。这类食品经过油炸或酥化后，改变了食物本身的色、香、味，更加容易引起人们的食欲，它们成为人们日常生活中饭店、餐厅，甚至家庭餐桌上的常备菜。但是，不仅油炸过程可能产生毒性物质，氢化植物油本身也对人体健康有害。

四、绿色环保烹饪技巧

（1）据调查统计，在日常生活中，人们买来的食物有 1/3 不是被吃掉的，而是被丢掉的。未吃完的食物变成“垃圾”后，最终会转变为温室气体。因此，冰箱最好只装七分满，并且每星期清理一次，查看是否有即将过期的食物，要赶快烹调吃完，不要总留着大堆的食物等着过期。

（2）冰箱里的冷冻食物要先解冻再烹调，这样会比直接下锅煮节省更多的时间和燃气。可以在早上把当晚要吃的肉从冷冻室拿到冷藏室进行解冻。在加工之前，先把食材的水分沥干。锅具、水壶在使用时，也要先把锅底、壶底的水分擦干。

（3）在烹调方式上，要注重一些细节，尽可能地做到低碳、绿色、环保。例如，尝试做一盘生菜沙拉，不需要煮，最节能，也减少了维生素 C 等营养素的损失。当然，并不是所有蔬果都适合生食，如菠菜、苋菜等含有草酸的蔬菜，不宜生吃，需焯水后食用。

（4）水煮食材时，应将多种食材依照先蔬菜，后肉类、海鲜的顺序煮熟，既不用换水，也不必重复开火。此外，煮、卤或闷炒食物时，把锅盖盖上，能够减少热量散失，维持锅内温度，这样可以缩短烹调时间，减少燃气浪费。

（5）煎鱼时，不要将鱼直接放入平底锅里煎，改为先把鱼放入烤箱微烤至半熟，出一些鱼油后，再移入平底锅，这样不必再加食用油，只需小火稍微煎一下就可以吃了，这样可以节省能源。

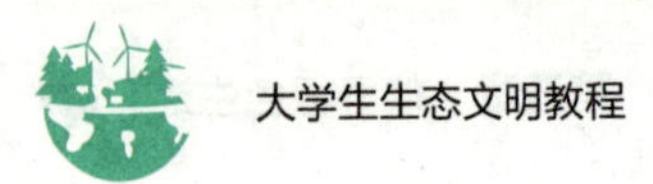

（6）太阳能是很好的能源，可以为烧开水节约能源，即将要烧的水倒进烧水壶里，紧闭盖子后，放到有太阳的地方照射数小时，再移到燃气灶上烧，很快就可以烧开。

（7）少吃煎炒烹炸的食物，多食蒸煮的菜肴。因为煎炒烹炸时不仅容易产生致癌物，还会产生油烟，污染居室环境。

（8）不要把饭锅和水壶装得太满。否则煮沸后汤水容易溢出，这样既浪费能源，又容易扑灭灶火，甚至引发燃气泄漏事故。

（9）煮饭炒菜时，要做到够吃就行，不多做。做到餐餐节约能源，减少碳排放。

（10）平时厨房中的果皮、菜叶等垃圾，应该去除水分后再丢弃，这样可以为后期的处理工作节省不少时间。

思政导学

坚决制止餐饮浪费行为，切实培养节约习惯

2020年8月，习近平总书记对制止餐饮浪费行为作出重要指示。他指出，餐饮浪费现象，触目惊心、令人痛心！“谁知盘中餐，粒粒皆辛苦。”尽管我国粮食生产连年丰收，对粮食安全还是始终要有危机意识。

习近平总书记强调，要加强立法，强化监管，采取有效措施，建立长效机制，坚决制止餐饮浪费行为。要进一步加强宣传教育，切实培养节约习惯，在全社会营造浪费可耻、节约为荣的氛围。

习近平总书记一直高度重视粮食安全和提倡“厉行节约、反对浪费”的社会风尚，多次强调要制止餐饮浪费行为。2013年1月，习近平总书记就作出重要指示，要求厉行节约、反对浪费。此后，习近平总书记又多次作出重要指示，要求以刚性的制度约束、严格的制度执行、强有力的监督检查、严厉的惩戒机制，切实遏制公款消费中的各种违规违纪违法现象，并针对部分学校存在食物浪费和学生节俭意识缺乏的问题，对切实加强引导和管理，培养学生勤俭节约良好美德等提出明确要求。

党的十八大以来，各地区各部门贯彻落实习近平总书记关于制止餐饮浪费的重要指示精神，采取出台相关文件、开展“光盘行动”等措施，大力整治浪费之风，“舌尖上的浪费”现象有所改观，特别是群众反映强烈的公款餐饮浪费行为得到有效遏制。同时，一些地方餐饮浪费现象仍然存在，有关部门会贯彻落实习近平总书记重要指示精神，制定实施更有力的举措，推动全社会深入推进制止餐饮浪费工作。

案例点评

擦亮“绿色高铁”名片——京张高速铁路、京雄城际铁路生态廊道建设

京津冀地区位于华北平原北部，北枕燕山山脉，南接华北平原，西靠太行山，东面渤海湾，地势呈西北高东南低的特点。属于温带大陆季风气候，区域整体较为干旱，水资源

短缺，生态环境十分脆弱。京津冀城市群发展历史长、人口众多、经济增速快、资源消耗大，环境承载力日益下降。近年来，大气污染、水污染、土壤污染问题凸显，城市内噪声污染、光污染和内涝现象也严重威胁着城市人居环境。

2016 年，国家林业局（现已组建为国家林业和草原局）印发《林业发展“十三五”规划》，提出构建“京津冀生态协同圈”，统筹三省市及周边地区生态发展，通过扩大环境容量和生态空间，缩小区域内生态质量梯度，打造全国生态保护的中心区和样板区。具体措施包括加大森林保护力度、湿地恢复力度，建设生态防护区、水源涵养区，治理土地盐碱化，加强国家公园、森林公园、湿地公园建设，优化美化城乡人居环境等。区域内各省市也纷纷出台政策，着力加强各省市间的协同和联动。京张高速铁路和京雄城际铁路的生态廊道建设就是京津冀区域协同生态工程的一例典型。

京雄城际铁路始自北京市大兴区李营站，经河北省固安县、永清县、霸州市，终至雄安站，全长 92 公里，沿线以农业、农村环境为主，居民住宅和学校等噪声和振动敏感地点较多，涉及 4 处饮用水水源保护区。京张高速铁路全长 174 公里，沿线环境更为复杂：自然环境方面，气候干燥且寒冷，生态环境脆弱，属于国家级水土流失保护区、重点治理区，且途径水源涵养区和生态支撑区；人文环境方面，自北京二环边引出，纵贯人口密集的城中地带，对周边居住环境影响较大，且沿线历史遗迹较多，文物保护任务艰巨。

在两条铁路的建设中，铁路企业和相关设计、施工单位提出“智能、绿色、精品、人文”的设计理念，力求通过技术的改进和创新减少对环境的影响，实现绿色畅通的目标。2019 年，河北省政府印发并实施《京雄高铁生态廊道绿化设计方案》和《京张高铁生态廊道绿化设计方案》，旨在通过绿化工程改善高铁沿线生态环境，优化居民生活环境，发展绿色产业。2019 年 12 月，京张高速铁路开通运营，2020 年京雄城际铁路开通运营，两条铁路实现绿色畅通，成为“绿色高铁”一张闪亮的名片。

1. 防治污染，保卫蓝天碧水

（1）水污染防治措施。全长 9 077 米的官厅水库特大桥是京张高速铁路全线的控制性工程之一。大桥需跨越作为北京市备用水源地、国家一级水源保护区、京津冀协同发展水源涵养地的官厅水库，因此对项目的环保要求极高。为保证大桥的建造不污染水质，施工过程中采用了智能建造技术等多种高科技手段。例如，在桥体搭建上，为尽可能地减少钢梁施工对水源地的影响，大桥再用了“顶推作业法”，钢梁先在地面上像“积木”一样搭建拼装完成，再利用千斤顶将其推至水库中心就位，这一措施减少了水上施工工序；施工栈桥搭建时所用的钢管桩全部都涂上了橙色的环保防腐油漆，以防止钢管在水中产生锈蚀污染水质；为避免水上钻孔工作造成水质浑浊、水纹扰动，项目方用一组密闭钢管管道将环保泥浆运入并灌注成护壁，同时利用钢材质的护筒挡住钻孔、打桩产生的废水废渣，防止其排入水库内；类似举措不胜枚举。

在此基础上，大桥的设计还考虑到了后期运营和养护工作对环境的影响，真正做到了防患于未然。钢桥桥体采用了超耐候防腐涂装技术，能够最大限度地缩减桥梁寿命期内重新涂装次数，减少涂装过程产生的污染。主桥采用复合不锈钢板排水槽，可以将桥面雨水收集后集中排入两岸的沉淀池，避免桥面排水对水库水体造成污染。

（2）空气污染防治措施。严控气体排放是铁路绿色建设的一大要求。在京雄城际铁路的建设中，项目方秉持“能用气就不用煤，能用电就不用气”的原则，尽可能先使用清洁能源。扬尘是铁路建设施工中产生的主要空气污染物，也是污染防治的要点。混凝土搅拌站料仓是产生扬尘的“重灾区”，施工方对料仓整体采用了全封闭设计，顶棚处还安装有自动喷淋系统，与一套智能化的扬尘监管系统相配合，一旦场内的粉尘超标，雾化喷嘴就会进行自动喷洒，保证整个环境和原材料的清洁。工地还设有多台集洒水、吸尘、清扫多功能为一体的智能扫地机，可自动在料仓内来回巡逻，处理地面的粉尘，以及雾化除尘炮、雾化洒水车等一系列除尘除霾设备，能够使进出仓库的车辆行驶时不扬尘，车轮不沾泥。

（3）噪声污染防治措施。火车产生的噪声往往会给铁路沿线的居民造成很大困扰，因此噪声是铁路项目环保评价中的一项重要指标。京雄城际铁路在噪声问题的解决上实现了重大突破。霸州市北落店村是京雄城际铁路沿线最大的集中居住区，为解决该路段的噪声问题，铁路高架桥上建起了一段全长 847 米的全封闭声屏障，这也是全世界首个适用于时速 350 公里高速铁路线路的全封闭声屏障工程，在建造工艺上克服了诸多难题。有了这道屏障，高铁列车像是在隔音的隧道中穿过，产生的噪声能够控制在 20 分贝左右，基本消除了对周边居民生活的不良影响。

2. 节约资源，实现可持续发展

（1）雄安站节约用电设计。雄安站的建设是“精品、智能、绿色、人文”理念的集中体现。为了节约光电资源，雄安站的屋顶中央设计了一道 15 米宽的缝隙，通过上下贯通的采光通廊，将自然光线引入室内，形成了温馨浪漫的“光谷景观”，既提升了旅客候车体验，又能减少白天照明设备的使用。不仅如此，雄安站站房的屋面还铺设了共 4.2 万平方米的太阳能光伏板，年均发电量能够达到 580 万千瓦时，基本能够供应雄安站全年的照明用电。这一设计每年可减少 4 500 吨的二氧化碳排放，相当于节约了 1 800 吨煤的使用，约等于植树造林 12 万公顷。

（2）京张高速铁路列车节约用水措施。列车运行中产生的污水如果直接排放到车外会对环境造成污染，而且无法循环利用也会导致水资源的浪费。针对这一问题，中车集团为京张高铁设计的动车组采用了新研发的灰水回用系统，将列车上卫生间、盥洗室洗池、电热开水器产生的灰水经过滤净化系统处理后变为回用水，可以供集便器系统冲洗使用。这一系统既节约了列车用水，还能减小清水箱和污物箱的容积，有助于列车进一步进行轻量化设计，节约运行能耗。

3. 以人为本，打造绿色长廊

（1）京张铁路遗址公园项目。京张铁路上凝聚着以詹天佑为代表的一代民族脊梁的光辉事迹，凝聚着以爱国主义精神为核心的铁路精神，也凝聚着一代又一代人对城市铁路的回忆，是属于人民群众共同的文化遗产。为留存铁路文化风貌，对北京海淀区五道口地区原地面上的京张旧线路进行了合理保留，在沿线建成一条 9 公里长的京张铁路遗址公园（图 5-2），这是一条集绿化、文创、休闲功能为一体的生态长廊、文化长廊、活力长廊，能够服务沿线7个城镇、10所高校、近70个社区。

图5-2 京张铁路遗址公园

（2）京张高速铁路生态廊道。京张高速铁路生态廊道是京冀城市间重要的生态景观空间，是区域协同建设的重点生态工程。生态廊道的建设秉持以人为本的设计理念，把提升旅客的观景体验作为宗旨，从列车中旅客的第一视角出发进行造景。京张高速铁路及崇礼铁路绿化项目划分为“城郊风光段”“关塞风光段”“大泽风光段”“燕北风光段”“雪国风光段”五大景观段，因形就势地根据不同的周边环境和气候条件进行景观设计，营造出多种意境和风格。

京张高速铁路作为北京冬奥会的重要配套工程，是一条通往冰雪世界的捷径，因此京张高速铁路生态廊道工程在“树有高度、林有厚度、三季有花、四季常绿”的目标指导下突出冬季景观的建设，重点解决冬景不显、沿线常绿树总量低、冬季景观缺绿少彩的问题。解决办法主要是增加油松、白皮松、侧柏等北方常绿树种的种植，保证冬景的基本色彩，然后以常绿植物为基色，再种植红瑞木、黄瑞木、金枝槐等彩色树木作为前景，加上精妙的配比和设计，形成冬季特有的美丽景观。

京张高速铁路既要服务冬奥，也要造福人民。一方面，生态廊道项目在设计时考虑到了沿线村庄对绿地的需求，在与村庄交汇之处建设了一些“村头林地”和“村头公园”，供当地村民休憩使用；另一方面，生态廊道项目设计规划还提出了“绿富双赢”的目标，既打造绿化带也打造富民产业带，既建生态林又建经济林。借生态廊道建设的东风发展当地绿色产业，帮助当地农民增收，助力打赢脱贫攻坚战。在第一产业上，因地制宜地推广蔬果、花卉种植和林下经济作物的种植，提高造林绿化的经济效益。在第三产业上，大力发展当地的生态观光、休闲康养、乡村旅游等绿色行业，建成新型森林生态综合体，实现“既要绿水青山，也要金山银山”的目标。

4. 保护古迹，连通历史现代

八达岭长城是国家5A级风景区，京张高速铁路为保护历史古迹从下方穿过。八达岭长城站在规划之初就曾引起争议，一种观点认为火车站会破坏风景区景观的整体性，应该建造在景区之外，另一种观点则认为在此设站就应该方便旅客前往景区参观，车站应靠近景区。最后的建设方案坚持了以人为本的理念，在毗邻景区的地点进行102米的深埋，建造出一座全世界最深的地下高速铁路站。车站的外观采用了“隐于山间”的设计理念，似“神龙见首不见尾”，以石材为主的立面材料接近山体岩石和长城的质感，让站房与长城和周围的自然环境融为一体。地面站房顺山体走势而建，充分利用自然地形。同时，在建筑的屋顶进行覆土绿化，运用适宜当地气候的新型技术降低种植成本，以此弥补给生态环境带来的不利影响。

（资料来源：人民雄安网，2019-07-23.）

经验与启示

京张高速铁路、京雄城际铁路及其生态廊道建设因地制宜地将人文高铁、智能高铁和绿色高铁相融合，将保护生态环境贯穿于规划、设计、建设、运营全过程，大力开展沿线生态修复养育工程，以人为本地打造出一条集生产、生活、生态于一体的绿色廊道空间，较为有效地解决了铁路建设同环境保护之间的矛盾，留下了许多可推广、可复制的经验。

1.正确处理生态环境保护与发展的关系

“顺天时，量地利，则用力少而成功多。”人类只有尊重、顺应和保护自然，才能有效防止在开发利用自然上走弯路，如果为了一时的经济利益而以破坏生态环境作为代价，这种发展是不可持续的。京张高速铁路和京雄城际铁路的建设始终将生态保护摆在突出位置，坚持节约优先、保护优先的方针，把铁路建设限制在自然资源和生态环境能够承载的限度内，一边开发一边修复，将沿线生态影响做到最小。同时，因地制宜、因势利导，充分利用沿线生态资源，在现有的景观基础上进行适当改造，打造出一条山水林田深度融合的生态长廊，实现了发展和保护的有机统一。

2.坚持以技术创新引领绿色发展

技术创新是京张高速铁路和京雄城际铁路实现绿色畅通的重要前提。大到桥梁搭建、车站建造使用的基于BIM、GIS开发的智能建造系统，以及全封闭声屏障工程和地下高铁站的建设，小到列车上的灰水回流系统、铁路路堤边坡智能化毛细渗灌节水系统等，每一个细节的背后都有着一项创新技术作为支撑。

从另一角度看，保护生态环境就是保护生产力，改善生态环境就是发展生产力。绿色高铁的建设对环境保护的要求越来越高，也促进了相关技术的发展，实现以环保促创新、以创新促环保的良性循环。“智能”与“绿色”是相辅相成的两个发展理念，这成为我国高铁事业发展的新方向。

3.建立生态建设的多元共治机制

在两条铁路和其生态廊道的建设中，地方政府与铁路企业之间实现了“路地联动、路地结合”，共同参与了规划、设计和实施环节，达到了“1+1 > 2”的效果。一方面，铁路用地的生态绿化带是生态廊道的一部分，其绿化水平的提升为项目区域内生态环境的稳定性和完整性做出了贡献；另一方面，铁路周边绿化及整治工作对保障铁路行车安全有着重要的作用。生态廊道所形成的完善生态系统有助于保护铁路用地内的原有植被，对保持路基道床的稳定有积极的影响。同时，对沿途废弃矿山进行整理、覆土和复绿也有利于保持水土、防治风沙，降低泥石流出现的概率，有利于高铁的行车安全。

生态环境作为一种具有外部性的特殊的公共物品，其治理工作涉及政府、社会组织、个人等多方利益。在传统的以政府为主导的环境治理模式中，企业和群众的参与性、主动性很低，政府的治理成本很高，政策的效果也相当有限。如果能够在生态建设中建立起多元共治的机制，将政府、企业和社会结合起来形成合力，实现共同参与、共同负责、成果共享，不仅治理的效率会得到提升，应对复杂、全局和长期问题的能力也将有所增进。

参考文献

[1] 何学军，朱颖.大学生生态文明教育[M].北京：航空工业出版社，2022.

[2] 曹立，郭兆晖.讲述生态文明的中国故事[M].北京：人民出版社，2020.

[3] 环境保护部环境与经济政策研究中心.生态文明知识50问[M].北京：中国环境出版社，2014.

[4] 安彪.新时代大学生生态文明教育研究[D].重庆：西南大学，2019.

[5] 安永碳中和课题组.一本书读懂碳中和[M].北京：机械工业出版社，2021.

[6] 文学禹，李建铁.大学生生态文明教育教程[M].北京：中国林业出版社，2016.

[7] 中央党校（国家行政学院）科研部.生态文明案例集[M].北京：中共中央党校出版社，2021.

[8] 刘经伟，刘伟杰.大学生生态文明实践教程[M].北京：中国林业出版社，2019.

[9] 刘涵.习近平生态文明思想研究[D].长沙：湖南师范大学，2019.

[10] 王贝.中国古代生态思想对生态文明建设的价值研究[D].西安：西安工业大学，2014.

[11] 中共中央宣传部.习近平总书记系列重要讲话读本：2016年版[M].北京：学习出版社，2016.

[12] 傅桦.全球气候变暖的成因与影响[J].首都师范大学学报（自然科学版），2007（6）：11-15，21.